Horst Schmidt (Text)
Rudolf Proll (Fotos)

Taschenatlas Hühner und Zwerghühner

2. Auflage

182 Rassen
für Garten, Haus, Hof und Ausstellung

366 Farbfotos

Ulmer

Inhalt

Bildquellen:
Umschlagfoto oben: Regina Kuhn
Umschlagfoto unten: Bildagentur Waldhäusl/PantherMedia/Willi Härdl
Sabine Stuewer: Seite 2
Knut Röder: Seite 90 rechts
Eberhard Klein: Seite 151 links
Alle anderen Fotos von Rudolf Proll

Bibliografische Information der Deutschen Nationalbibliothek
Die Deutsche Nationalbibliothek verzeichnet diese Publikation in der Deutschen Nationalbibliografie; detaillierte bibliografische Daten sind im Internet über http://dnb.d-nb.de abrufbar.

Wollgrasweg 41
70599 Stuttgart (Hohenheim)
E-Mail: info@ulmer.de
Internet: www.ulmer.de
Lektorat: Dr. Eva-Maria Götz
Herstellung: Thomas Eisele
Satz: Typomedia GmbH, Ostfildern
Druck und Bindung: Firmengruppe APPL, aprinta Druck, Wemding
Printed in Germany

ISBN 978-3-8001-6418-9

Vorwort

Mit diesem Taschenatlas wird ein Fachbuch nun in der zweiten Auflage vorgelegt, das alle in Deutschland standardmäßig erfassten und offiziell anerkannten Rassen der Hühner und Zwerghühner darstellt. Dabei ist der Text zwar auf das Wichtigste beschränkt, enthält aber alle Informationen zu Herkunft, Entwicklung, Rassemerkmalen und Besonderheiten der Rassehühner.

Die Farb- und Zeichnungsmuster sind durch Ziffernangaben leicht auffindbar. Die Bildgrafik gibt einen Überblick über Körpergewichte, Ringgrößen und Nutzungseigenschaften. Durch die Abbildungen beider Geschlechter in hoher Fotoqualität entsteht ein abgerundeter Gesamteindruck der jeweiligen Rasse. Lebende Tiere zu Fotografieren ist nicht leicht und auch der Zuchtstand jeder Rasse verändert sich. So sind die Abbildungen hier Momentaufnahmen hoch bewerteter Tiere von Ausstellungen zum gegenwärtigen Zeitpunkt.

Im Zeitalter vieler Tierschutzdiskussionen und Entfremdung von der Natur soll dieses Buch eine wertvolle Hilfe zur Orientierung über die Hühnerrassen sein, die jahrhundertelang in menschlicher Obhut gezüchtet, veredelt und auf den gegenwärtigen Hochstand gebracht worden sind. Im Bund Deutscher Rassegeflügelzüchter sind Menschen organisiert, die im Umgang mit ihren Tieren dem Slogan Rechnung tragen: „Rassegeflügelzucht – Lebensqualität für Menschen und Tiere." In diesem Sinne wendet sich das Buch an Züchter, Tierfreunde, Biologen und Haustierforscher.

Ganz herzlich danke ich dem Bildautor Rudi Proll und der Lektorin des Verlages, Frau Dr. Eva-Maria Götz für die gute Zusammenarbeit.

Schwalmstadt, Frühjahr 2010
Dr. phil. Horst Schmidt

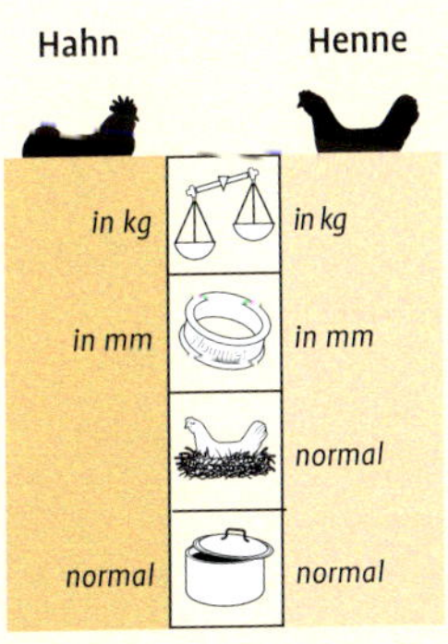

Erklärung der Piktogramme

Gewicht:
Hahn in kg, Henne in kg

Ringgrößen:
Hahn in mm, Henne in mm

Legeleistung:

gering	
normal	genügt für Selbstversorger
gut	bessere Legeleistung
sehr gut	hohe bis hervorragende Legeleistung

Nutzungsqualität:

gering	
normal	genügt für Selbstversorger
gut	bessere Fleischleistung
sehr gut	hohe bis hervorragende Fleischleistung

Verzeichnis der beschriebenen Rassen

Farbenschlaggruppen und Zeichnungsformen der Hühner und Zwerghühner

Wildfarbe 1

Variationen der Wildfarbe
wildfarbig
rebhuhnfarbig 1.1
rost-rebhuhnfarbig 1.2
wildbraun 1.3
goldhalsig 1.4
goldfarbig 1.5

Verdunkelung der Wildfarbe
orangebrüstig 1.6
braunbrüstig 1.7
schwarz-rot 1.8
schwarz-gold 1.9
schwarz mit Messingrücken 1.10
schwarz-kupfer 1.11

Aufhellung der Wildfarbe
gold-weizenfarbig 1.12
rot gesattelt-weizenfarbig 1.13
rot gesattelt 1.14
rot geschultert 1.15

Wildfarbe als Grundlage
zimtfarbig 1.16
mahagonifarbig 1.17
kennfarbig (Kombination mit Sperberung) 1.18

Blauvarianten der Wildfarbe
blau-wildfarbig 1.19
blau-rebhuhnfarbig 1.20
blau-goldhalsig 1.21
blau-goldfarbig 1.22
blau-orangebrüstig 1.23
blau-rot 1.24
blau mit Messingrücken 1.25
blau-weizenfarbig 1.26,

Silber-Wildfarbe 2
silber-wildfarbig

Variationen der Silber-Wildfarbe
silberhalsig 2.1
silberfarbig 2.2

Verdunkelung der Silber-Wildfarbe
grau-silber 2.3
birkenfarbig 2.4
schwarz-silber 2.5

Aufhellung der Silber-Wildfarbe
silbergrau 2.6

Silber-Wildfarbe als Grundlage
silber-kennsperber (Kombination mit Sperberung) 2.7

Blauvarianten der Silber-Wildfarbe
blau-silberhalsig 2.8
blau-birkenfarbig 2.9

Übergangsfärbungen Wildfarbe/ Silber-Wildfarbe 3
silberhalsig mit Orangerücken 3.1
blau-silberhalsig mit Orangerücken 3.2
orangehalsig 3.3
orangefarbig 3.4
perlgrau-orange 3.5
lachsfarbig 3.6
silber-weizenfarbig 3.7

Columbiazeichnung 4
weiß-schwarzcolumbia (hell) 4.1
weiß-blaucolumbia 4.2
weiß mit schwarzem Schwanz 4.3
weiß mit blauem Schwanz 4.4
gelb-schwarzcolumbia 4.5
gelb-blaucolumbia 4.6
gelb mit schwarzem Schwanz 4.7
gelb mit blauem Schwanz 4.8
gelb mit weißem Schwanz 4.9
rot-schwarzcolumbia 4.10
goldbraun 4.11
dunkelbraun 4.12

Columbia als Grundlage
wachtelfarbig 4.13
blau-wachtelfarbig 4.14
silber-wachtelfarbig 4.15
Mohrenkopfzeichnung 4.16

Silberhalsig mit Orangerücken

Gold-weizenfarbig

Altenglische Kämpfer

Herkunft: Die Vorläufer stammen wahrscheinlich aus Asien und dürften schon vor der Zeitenwende (bis 800 v. Chr.) auf die britischen Inseln gelangt sein.

Rassegeschichte: In England wurde seit dem ausgehenden 17. Jahrhundert gezielt der „britische Typ" herausgebildet und seit 1850 auch für Ausstellungszwecke gezüchtet.

Form und Kopf: Kurzer, muskulöser Körper mit breiten Schulter und leicht abfallender Haltung; schmaler Hinterkörper und deutlicher Winkel zwischen Sattel und ansteigendem Schwanz; möglichst wenig Bauchwölbung; kurze und stark bemuskelte Schenkel; Winkelung in den Fersengelenken der feinknochigen Läufe.

Kleiner, kurzer, keilförmiger Schädel; kleiner Einfachkamm mit feinem Gewebe; Augenfarbe: Rot bis dunkel; Lauffarbe unbedeutend.

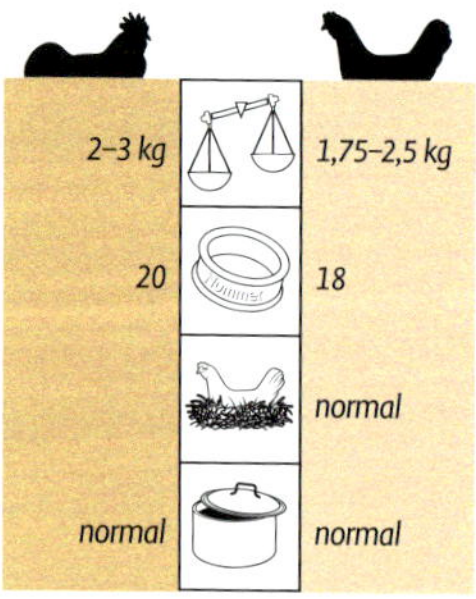

Farbenschläge: 1.4, 1.21, 2.1, 2.8, 1.12, 1.26, 3.7, 1.13, 1.14, 11.8, 1.6, 1.23, 2,4., 2.9, 5.1, 5.5, 5.3, 5.4, 6.1, 10.7 (alle Farbenschläge auch mit Schopf).

Besonderheiten: Frohwüchsigkeit der Küken, möglichst Haltung im freien Wiesenauslauf, viel Bewegung zur Bildung der Brustmuskulatur; zur Schauvorbereitung ist Käfigdressur erforderlich. Attraktives Ausstellungshuhn.

Gold-weizenfarbig

Rebhuhnfarbig mit weißen Spitzen

Altenglische Zwergkämpfer

Herkunft: Um 1800 Vorläufer aus Kreuzungen von großen Altenglischen Kämpfern und Landzwergen. Zielgerichtete Zucht aber erst ab 1890. Damalige Bezeichnung in Deutschland: „Altmodische Englische Zwergkämpfer".

Rassegeschichte: Erste Schautiere in Deutschland von dem englischen Züchter H. Yardley. Unklar ist immer noch, ob es sich um eine echte Verzwergung der Großrasse handelt.

Form und Kopf: Der Experte Detering umschreibt den Gesamteindruck mit dem Begriff „Tennisball". Im Vordergrund steht die breite, volle, hoch getragene Brust. Der Rumpf entspricht im Längsschnitt „einem durchgeschnittenen Kälberherz". Flache Rückenlinie, eckig abgesetzte Schultern. Kurze gewölbte Flügel. Schmale Sattelgegend zum gut bewachsenen Hahnenschwanz, im Winkel von 40 Grad getragen. Der Körper muss sich hart anfühlen. Der Stand ist höchstens mittelhoch mit hervortretenden Schenkeln. Im Fersengelenk ist die Haltung gewinkelt, keinesfalls straff. Kleiner Einfachkamm, rote Ohrlappen (weiße Einlagerungen gestattet), kleine, runde Kehllappen. Unterschiedliche Augenfarbe je nach Farbschlag. Die Henne ist etwas waagerechter in der Rumpfhaltung.

0,75 kg		0,65 kg
13		11
		normal
normal		normal

Farbenschläge: 1.4, 1.6, 1.12, 1.13, 1.14, 1.21, 1.23, 1.26, 2.1, 2.4, 2.8, 3.2, 3.7, 5.1, 5.3, 5.4, 6.1, 6.6, 10.7, 11.8, schwarz mit Messingrücken, blau mit Messingrücken.

Besonderheiten: Keckes, zutrauliches Zwerghuhn mit hohem Rasse-Zuchtstand.

Wildbraun

Wildbraun

Altsteirer

Herkunft: Österreich; nördlich von Graz in der Steiermark.

Rassegeschichte: Erste Erwähnung der Steirischen Hühner als „Backhendl“ (Kapaune) ab 1694. Durch Einkreuzung von schweren Paduaner-Hühnern Steigerung der Fleischgewinnung. Durch Einkreuzungen von asiatischen Schlägen starke Veränderungen des ursprünglichen Typs. Um die Wende des 20. Jahrhunderts Trennung von der Sulmtaler-Rasse als eigenständige. Hohe Eierleistung bei Leistungsprüfungen in Bayern zwischen 1925 und 1935 (Jahresleistung: 280 Eier).

Form und Kopf: Rumpf im Verhältnis Länge – Breite – Tiefe 8:5:3; kräftige Figur mit vorgewölbter Brust und voller Bauchlinie; reichliche Hals- und Schwanzbefiederung beim Hahn; leicht abfallender Rücken mit guter Breite; relativ kleiner, einfacher Hahnenkamm und im Vorderteil gewickelter Kamm der Henne mit Quetschfalte; beide Geschlechter tragen den kleinen Federschopf; kurze Kehllappen; Augenfarbe: rot; weiße Ohrlappen, weiße bis fleischfarbene Lauffarbe.

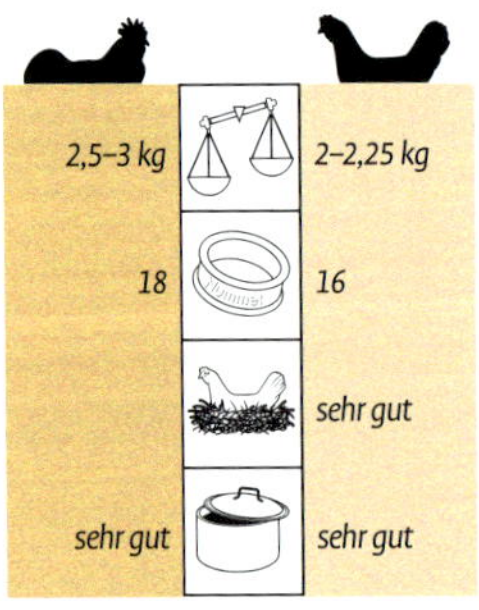

Farbenschläge: 1.3, 5.5.

Besonderheiten: Hervorragende Fleischqualität und sehr gute Legeleistung; robust und wetterhart; frohwüchsige Küken.

Amrocks

Herkunft: Aus Dominikanern, schwarzen Cochins und Java-Hühnern entstanden um 1848 im Staat Massachusetts/USA die Barred Rocks als Ausgangsrasse.
Rassegeschichte: Erste Tiere 1948 in Deutschland; veredelt zu den heutigen Armrocks. Rassebezeichnung erst Ende der fünfziger Jahre in den Standard.
Form und Kopf: Die Form einer liegenden Glocke illustriert die Figur bei beiden Geschlechtern in der Seitenansicht, wobei der breitere Teil hinten und die Ausprägung bei der Henne noch deutlicher ist. Wichtiges Unterscheidungsmerkmal zu den verwandten Plymouth Rocks ist die zunächst hinter dem Hals waagerecht verlaufende Rückenlinie. Dann geht sie in konkavem Bogen in die Schwanzlinie über. Breite und tief gehende Brust; breiter Schwanzansatz. Volle Besichelung beim Hahn. Die Schenkel müssen sichtbar sein. Mittelgroßer Einfachkamm, mäßig lange Kehllappen, rote Ohrlappen. Augenfarbe: lebhaft rötlich braun; Lauffarbe kräftig gelb.
Farbenschlag: Ausschließlich gestreift.
Besonderheit: Kennfarbigkeit bei den Eintagsküken: unterschiedlicher Kopffleck bei Hahn und Henne, außerdem zeigen Hennenküken dunklere Lauffarbe. Hohe Eierleistung, feine Fleischqualität, gut verbreitetes Ausstellungshuhn.

3–4 kg		2,5–3 kg
22		20
		sehr gut
sehr gut		sehr gut

Andalusier

Herkunft: Südandalusien/Spanien, um 1846 nach England in die Hafenstadt Portsmouth eingeführt. Als Importeur wird Richardson genannt.

Rassegeschichte: In der englischen Grafschaft Devonshire wurden blaue Altenglische Kämpfer, schwarze Spanier und Minorka eingekreuzt. Die ersten Andalusier-Hühner kamen 1872 nach Deutschland. 1895 Gründung des ersten Sondervereins in Schmölln/ Thüringen.

Form und Kopf: Stolze Erscheinung mit kräftigem, gestreckten Rumpf und etwas abfallender Rückenlinie. Elegante Halslänge, breite Schultern und Brustwölbung. Deutlicher Legebauch der Henne. Kräftige Schenkel, mittellange, schieferblaue Läufe. Stehkamm beim Hahn, hinten umliegender Kamm bei der Henne; feine Kehllappen, reinweiße Ohrscheiben. Die großen Augen sind regulär dunkel, rote Augen gestattet.

Farbenschlag: Ausschließlich blau gesäumt.

Besonderheiten: Das attraktive blaue Federkleid kommt durch intermediäre Vererbung zustande. Aufspaltung der Nachzucht: ca. 25 % schwarz, 50 % blau und 25 % schmutzig weiß. Neben diesem aparten Farbspiel ist die Rasse wegen ihres südländisch wirkenden Temperaments und ihrer beachtlichen Nutzungseigenschaften beliebt, wenn auch nicht so sehr verbreitet wie andere Mittelmeerrassen.

2,5–3 kg		2–2,5 kg
18		16
		sehr gut
sehr gut		sehr gut

Weiß-schwarz gescheckt

Schwarz

Annaberger Haubenstrupphühner

Herkunft: Annaberg-Buchholz (Sächsisches Erzgebirge); Erzüchter: Georg Jonientz ab 1950.

Rassegeschichte: Ausgangsrassen waren gelockte Chabos, Seidenhühner, Brabanter und Appenzeller Spitzhauben. Nach 1990 wurden bei anderen Züchtern auch gelockte weiße Holländer verwendet. Offizielle Anerkennung in Deutschland 1971.

Form und Kopf: Auffallend sind Struppgefieder und die Spitzhaube. Der Habitus wird als „leichter Landhuhntyp" bezeichnet. Die Henne jedoch zeigt gut entwickelte Brust und Bauchregion. Schwanzhaltung beim Hahn: steil und offen. Die Schenkel sind kaum sichtbar, die hornfarbig bis bläulichen Läufe nur mittellang. Der Kopf zeigt deutliche Schädelwölbung und gut entwickelte Haube. Hörnerkamm mit flachem Fleischwulst vor der Haube. Aufgetriebene Nasenlöcher über dem kräftigen Schnabel. Die großen Augen sind orangefarbig bis braun.

Farbenschläge: 5.1, 5.5, 10.7.

Besonderheiten: Die Struppfiedrigkeit in Verbindung mit der nach oben hin etwas breiter werdenden Haube sind in dieser Verbindung einmalig unter den Hühnerrassen. Das „Frizzle-Gefieder" entsteht durch die angerollte rückwärtige Krümmung der Federn. Vitalität und recht gute Leistungsfähigkeit.

Hahn		Henne
1,5 kg	Gewicht	1,3 kg
16	Ring	14
	Brut	gut
gut	Fleisch	gut

Gold-wachtelfarbig

Schwarz

Antwerpener Bartzwerge

Herkunft: Analoge Typen schon im 17. Jahrhundert auf Gemälden von Albert Cuyp. 1817 erste Erwähnung in französischer Literatur.

Rassegeschichte: Ab 1880 mehrere Farbenschläge auf Ausstellungen. Ursprüngliche Vorkommen: Antwerpen und Brüssel. Gründung des belgischen Sondervereins 1904. In Deutschland galt die Rasse noch 1905 als Abart der Bantams (Dürigen). Starker Rückgang nach 1945. Gründung des deutschen Sondervereins 1954.

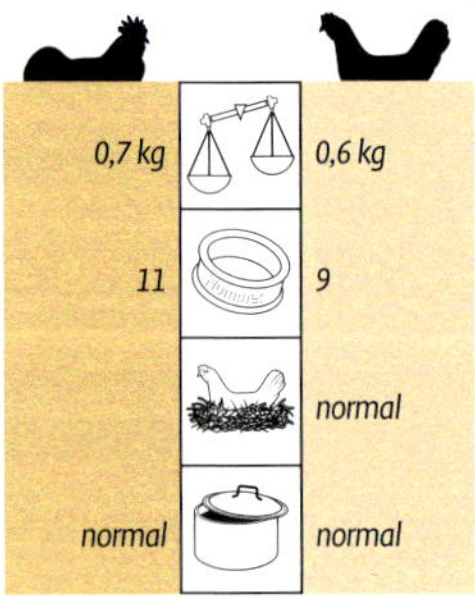

Form und Kopf: Die Figur ist gedrungen, breit. Stark befiederter Hals mit mähnenartiger Federstruktur; bei der Henne gut ausgebildete Krause. Vom kurzen Rücken aus steigt in hohlrunder Linie der leicht gefächerte, sehr hoch getragene Schwanz mit den säbelförmigen und spitzen Hauptsicheln. Betonte volle, breite Brust (halbkugelförmig). Abgerundeter, voller Bauch. Namensgebende Kopfpunkte. Voller Kinn- und Backenbart, die Kehl- und Ohrlappen verdeckend. Klein geperlter Rosenkamm. Unterschiedliche Augenfarbe je nach Farbschlag. Stand durch die kurzen Schenkel recht tief.

Farbenschläge: 1.4, 1.14, 2.1, 4.1, 4.5, 4.13, 4.14, 4.15, 5.1, 5.2, 5.4, 5.5, 5.6, 5.7, 6.1, 7.1, 10.5, 10.9, 11.4, 11.5.

Besonderheiten: Aussehen und Verhalten wirken durch den bärtigen Kopf, den trippelnden Gang und das kecke Wesen anziehend. Auch in begrenzten Raumverhältnissen ist die rassegerechte Haltung möglich.

Rebhuhnfarbig

Rebhuhnfarbig

Appenzeller Barthühner

Herkunft: Im Schweizer Kanton Appenzell um 1860 aus Polverara und rebhuhnfarbigen Italienern von W. Züst erzüchtet.

Rassegeschichte: Zunächst existierten nur goldhalsige Barthühner, später schwarze, rebhuhnfarbige und nach 1980 blaue beim Schweizer Züchter Büchler. Nach 1959 von K. Fischer unter Verwendung von Rheinländern, Thüringer Barthühnern und Lachshühnern Sicherung der Restbestände. Goldhalsige und blaue wurden im deutschen Standard 1990 offiziell zugelassen.

Form und Kopf: Fast rechteckige, kräftige Landhuhnform mit breiten Schultern, mittellangem, leicht abfallenden Rücken und breit angesetztem Schwanz. Die Henne zeigt noch mehr Brustwölbung und ist in der Körperhaltung noch mehr waagerecht. Gut entwickelter Bauch. Hervortretende, straff befiederte Schenkel. Mittellange Läufe. Markant die Kopfpunkte: Rosenkamm mit gerade auslaufendem Dorn, ungeteilter Kinn- und Backenbart, der Kehllappen und Ohrscheiben verdeckt. Augenfarbe dunkelbraun bis rot.

Farbenschläge: 1.1, 5.1, 5.4.

Besonderheiten: Zwar wenig verbreitet, aber vitales Huhn; wenig empfindlich gegen Frost; frohwüchsig, gute Legeleistung. Die Rasse benötigt viel Auslauf.

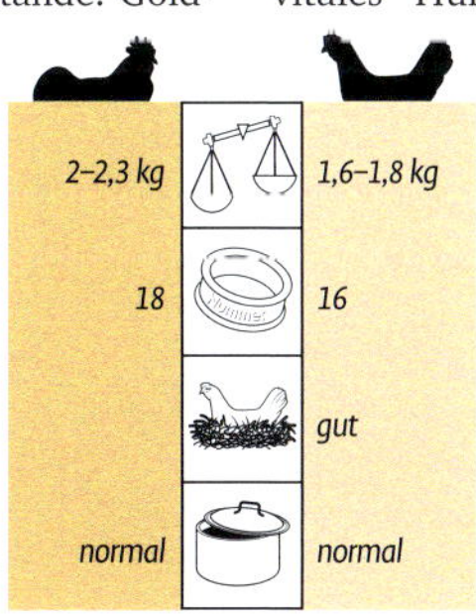

Silber-schwarzgetupft

Silber-schwarzgetupft

Appenzeller Spitzhauben

Herkunft: Aus alten Haubenhuhnschlägen im Kanton Appenzell entstanden.

Rassegeschichte: Um 1895 ist in der Ostschweiz diese Rasse recht zahlreich und in zehn Farbenschlägen verbreitet.

Zu den Ahnen zählen wahrscheinlich Brabanter aus den Niederlanden und Haubenhühner (Pawlowa) aus Sibirien. Inwieweit die ausgestorbene englische Rasse „Yorkshire Hornet" mit den Appenzellern identisch sein kann, ist unklar. In Deutschland weitere Verbreitung bis zur Gründung des Sondervereins für seltene Hühnerrassen 1953.

Form und Kopf: Unter den großen Hühnerrassen eine der kleinsten. Schlanke Figur in Walzenform und mit hoch getragener Brust. Rechtwinklig zur leicht abfallenden Rückenlinie getragener Hahnenschwanz mit voller Besichelung. Die Haltung der Henne ist mehr waagerecht. Schlanke, sichtbare Schenkel über den mittellangen, feinknochigen Läufen. Den Oberkopf ziert die mittelgroße, nach vorne geneigte Spitzhaube und der Hörnerkamm mit zwei kleinen, runden, oben schräg nach außen stehenden hörnerartigen Fleischzapfen. Die Lauffarbe ist blau, die Augenfarbe dunkelbraun.

Hahn		Henne
1,5–1,8 kg	Gewicht	1,2–1,5 kg
16	Ring	15
	Brut	gut
normal	Küche	normal

Farbenschläge: 5.1, 5.3, 10.1, 10.2, 10.3.

Besonderheiten: Das ideale Huhn für den Freilauf; sehr agiles Gebirgshuhn mit guten Flugeigenschaften. Bei Eingrenzung ist ein recht hoher Zaun erforderlich. Legeleistung im Jahr durchschnittlich 150 Eier. Interessantes Huhn für den Ausstellungskäfig.

Goldhalsig

Weizenfarbig

Araucana

Herkunft: Wahrscheinlich stammen die Vorfahren aus dem Südseegebiet, im 16. Jahrhundert von spanischen Seefahrern zur Südspitze Südamerikas gebracht. Vermutungen über antike, wilde Dschungelhühner als Ausgangsformen sind bisher nicht bestätigt.

Rassegeschichte: 1881 fand R. Bustos bei Indianern des Arauca-Distriktes Vorläufer der heutigen Araucana. Züchtung in Nordamerika durch W. Brower ab 1930 und Vermischung mit anderen Rassen. Seit 1920 ist die Rasse in Spanien und England. Araucana der „Neuzeit": 1964 Import durch Fr. Proebsting aus einem Indianerdorf bei Valparaiso einige Tiere. Offizielle Anerkennung der Rasse in Deutschland 1965.

Form und Kopf: Schwanzlosigkeit, gut gerundeter Rumpf; in der Draufsicht oval. Mäßig langer Rücken, breite Schultern (geringer Kämpfereinschlag). Sattelbehang des Hahnes recht voll, Schwingen nicht über das Körperende hinausragend; breite Brust- und volle Bauchregion. Kräftige, mäßig hervortretende Schenkel und mittellange Läufe. Kopfpunkte, drei Möglichkeiten: Federquasten („Bommeln") an den Kopfseiten mit oder ohne Backenbart oder Backenbart ohne Bommeln. Seitliche Hautwarzen bilden die Unterlage für die Quasten. Schwache Kehllappen und fest aufsitzender Erbsenkamm.

Hahn		Henne
2–2,5 kg	Gewicht	1,6–2 kg
18	Ring	16
	Brut	gut
normal	Futter	normal

Farbenschläge: 1., 1.4, 1.8, 1.19, 1.21, 1.26, 2.1, 5.1, 5.3, 5.4, 6.1.

Besonderheiten: Die Eier können blau, rosa, olivgrün oder türkisfarbig sein. Frühreife und gute Legeleistung.

Rotbunt

Rotbunt

Asil

Herkunft: Die Vorläufer in Siam, Indien und auf Sumatra lassen sich bis 3000 Jahre zurückverfolgen. Unterschiedliche Asil-Typen in den Heimatgebieten (Siyah Rampuri, Haiderabad, Ayam Gallak, Sonatawal, Sonotol, Sontans, Eona-tha, Amirkhan, Shei Buddhu, Reza).

Rassegeschichte: 18. Jahrhundert Einfuhren durch Engländer und Holländer nach Europa. Verwendung im Hahnenkampfsport. Um 1860 gelangten die ersten Asil nach Deutschland. Inzwischen in Europa zum einheitlichen Schau-Typ durchgezüchtet.

Form und Kopf: Auffallend muskulöses, starkknochiges Huhn mit knappem Gefieder und aufgerichteter Haltung. Der kurze Rumpf wirkt eckig durch die mächtig hervorstehenden Schultern, den breiten, flachen Rücken und die sehr breite Brust. Fest anliegende Flügel und schmale Sattel vor dem geschlossenen, gesenkt getragenen Schwanz mit schmaler Befiederung. Kaum entwickelte Bauchregion. Der Stand ist breitspurig mit kurzen, aber muskulösen Schenkeln und kräftigen Läufen von gelber Farbe. „Kampflustig" wirkt der breite Schädel mit dem kurzen Erbsenkamm und den nur angedeuteten Ohrlappen. An Stelle der Kehllappen sitzt die knappe Kehlhaut. Große perlfarbige Augen und der raubvogelartige starke, leicht gebogene Schnabel bewirken den Kämpferausdruck.

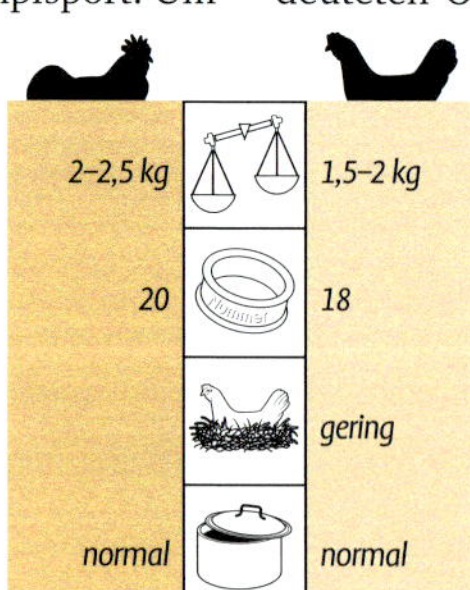

Farbenschläge: 1., 1.2, 1.14, 2.8, 5.3, 5.4, 5.5, 7.13, 10.76, 11.3.

Blau

Blau

Augsburger

Herkunft: Herauszüchtung durch J. Meyer, Haunstetten bei Augsburg ab 1870.

Rassegeschichte: Ausgangsrassen: italienische Lamotta-Hühner und französische La Flèche. Da die rassetypische Kammform nicht reinerbig auftrat, verbot das Bayerische Landwirtschaftsamt die relativ junge Rasse schon wieder 1905. Vor der Jahrhundertwende auch schon Weiße. Nach 1945 formten die Züchter aus den Restbeständen den heutigen Typ.

Form und Kopf: Gestreckte Landhuhnform, mittelschweres Huhn mit langem Rucken und leicht abfallender Haltung. Der Hahnenschwanz ist gut besichelt und wird etwas geöffnet getragen. Der Bauch der Henne gut entwickelt. Sichtbare Schenkel und mittellange Läufe (schiefergrau).

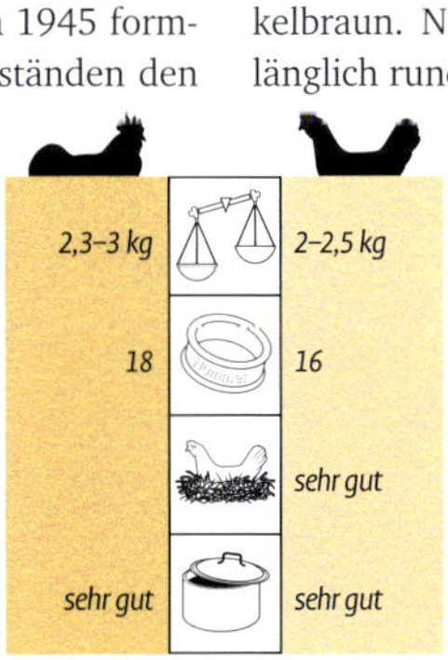

Wichtigstes Rassemerkmal: Der aufrecht stehende Kamm mit doppelter Seitenausbildung. Nach der zweiten Kammzacke öffnet er sich kronenartig und läuft im Ideal hinten wieder zusammen. Dadurch entsteht in der Mitte eine längliche Mulde. Der Hennenkamm ist naturgemäß kleiner, zeigt jedoch die gleiche Struktur. Die Augefarbe ist dunkelbraun. Nur mittelgroße Kehllappen und länglich runde weiße Ohrscheiben.

Farbenschläge: 5.1, 5.4.

Besonderheiten: Außer der ungewöhnlichen Kammbildung, die nicht leicht in vollendeter Form zu erzielen ist (Spaltererbigkeit), reizt die Züchter die erstaunlich gute Legeleistung und die beachtliche Fleischnutzung durch leichte Mästbarkeit.

Blau

Weiß

Australorps

Herkunft: Australien.
Rassegeschichte: Wahrscheinlich ab 1920 unter Verwendung von schwarzen Orpington und amerikanischen Croad-Langschan herausgezüchtet. In den zwanziger Jahren Import nach USA. Dort Festigung der ungewöhnlich hohen Legeleistung und der sehr guten Fleischnutzung (Zwiehuhn). Aufnahme in den Amerikanischen Standard: 1929. Einfuhr in Deutschland: 1950. Aufnahme in den Standard: 1952. Hier wurden weitere Rassen zur Veredlung verwendet: Rheinländer, Deutsche Langschan, Barnevelder und New Hampshire. In Südafrika spezieller Farbschlag: „Goldene".
Form und Kopf: Massiger Rumpf in waagerechter Haltung. Geschwungene Rückenlinie, Schultern und Sattel möglichst gleiche Breite. Der Hahnenschwanz ist gut mit Haupt- und Nebensicheln besetzt und wird mittelhoch getragen. Die Brustlinie soll bei Hahn und Henne vorgewölbt und gut gerundet sein. Die Hennenfigur ist überdies durch die gut entwickelte Hinterpartie gekennzeichnet. Wenig sichtbare Schenkel und mittellange Läufe bilden den Stand. Die Kopfpunkte: Einfachkamm mit 4 bis 6 Zacken; die Kammfahne folgt der Nackenlinie. Hennenkamm nicht umliegend. Mittelgroße Ohrlappen, dunkelbraune Augen und abgerundete Kehllappen bilden die weiteren Kopfpunkte. Das Gefieder soll gut ausgebildet, dennoch straff und sehr glanzreich sein.
Farbenschläge: 5.1, 5.4, 5.5.
Besonderheiten: Mit bis zu 260 Eier pro Jahr und gutem Fleischansatz eine der leistungsstärksten Rassen.

Hahn		Henne
3–3,5 kg	Gewicht	2–2,5 kg
20	Ring	18
	Brut	sehr gut
sehr gut	Fleisch	sehr gut

Goldhalsig

Schwarz

Bantam

Herkunft: Entstehung vermutlich in Japan. Der Ortsname Bantam auf Java wurde immer wieder als Ursprungsregion angegeben.
Rassegeschichte: 1870 sollen die ersten dieser Zwerge nach Deutschland gelangt sein. 1909 wurde der deutsche Sonderverein gegründet. Danach Erzüchtung zahlreicher Farbenschläge (1909 Gelbe und Blaugesäumte, 1910 Gesperberte, 1914 Porzellanfarbige usw.)
Form und Kopf: Zwergenhaft gedrungen. Oberlinie: allseits gut gerundeter Rücken, breite Sattelpartie, langer, ziemlich hoch getragener Hahnenschwanz mit langen, halbkreisförmig gebogenen Sicheln. „Zirkelschlag“ durch die breiten, an den Enden ab gerundeten Neben- und Hauptsicheln. Auch der Hennenschwanz ist leicht gefächert. Die Flügel sind gewölbt und werden gesenkt nach unten getragen. Breite, gewölbte Brust und mäßig entwickelter Bauch. Stand nur mittelhoch. Edle Kopfpunkte: fein geperlter Rosenkamm, nach hinten schmaler werdend. Er soll in einen langen, geraden, runden Dorn auslaufen. Runde, glatte Kehllappen. Große, runde Ohrscheiben von glatter, dicker Struktur, reinweiß glänzend. Unterschiedliche Augenfarbe.

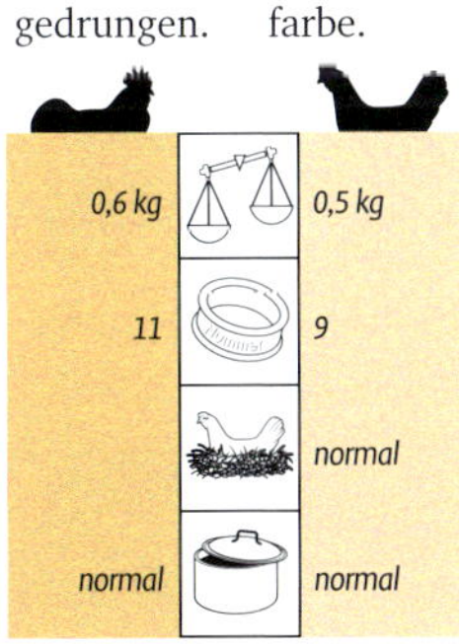

Farbenschläge: 1., 1.4, 1.21, 2.1, 2.4, 3.3, 4.1, 4.5, 5.1, 5.4, 5.5, 5.6, 6.1, 10.5, 10.7, 11.4, 11.6.
Besonderheiten: Die Vielfalt der Farbenschläge, die anmutigen Formmerkmale und der ästhetische Gesamtausdruck in den Kopfpunkten führten zur starken Verbreitung und Beliebtheit.

Doppelt gesäumt

Doppelt gesäumt

Barnevelder

Herkunft: Im holländischen Ort Barneveld seit 1920 planmäßig erzüchtet.

Rassegeschichte: Der Holländer van Esveld soll schon ab 1850 Landhühner mit der Cochin-Rasse gekreuzt haben. Die enorme Legeleistung kam später durch Einkreuzung von Brahma, Croad Langschan und gelbe Orpington. Dadurch konnte auch die Fleischqualität gesteigert und die braune Eischalenfarbe erzielt werden. Leistungskontrollen ab 1920 erbrachten für die damaligen Verhältnisse erstaunliche Ergebnisse: 165 Eier Jahresleistung mit einem Eigewicht von 65 bis 70 g. Größere Mengen von Küken wurden nach England eingeführt. 1922 Einfuhr nach Deutschland; Gründung des Sondervereins 1923. Barnevelder führen „Blut" von Goldwyandotten, Rhodeländer und wahrscheinlich auch Indischen Kämpfern.

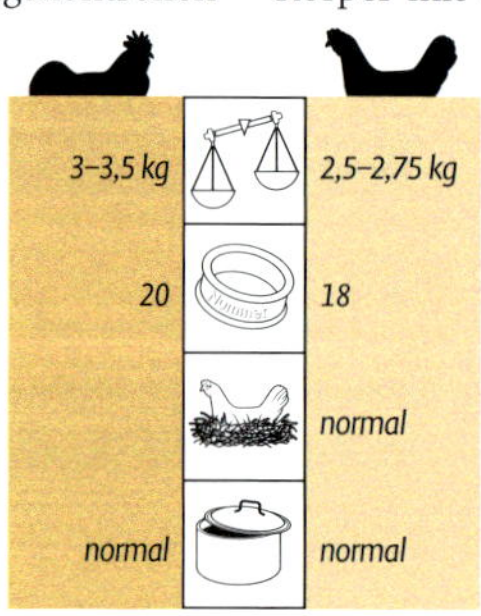

Form und Kopf: Breite, Tiefe des gedrungen wirkenden Rumpfes bilden den Rahmen des großen Huhnes mit breit gestelltem Körper. Vom tiefsten Rückenpunkt verläuft die Linie in die ansteigende Hinterpartie. Der Hahnenschwanz wird hoch und etwas offen getragen. Die Henne erscheint voll und tief im Körper mit breiter Brust und gut entwickeltem Legebauch. Einfachkamm mit 4 bis 6 Zacken. Orangerote Augenfarbe, kurze Kehllappen und rote, mittelgroße Ohrlappen. Kräftige, sichtbare Schenkel und feinknochige gelbe Läufe.

Farbenschläge: 4.12, 5.1, 5.3, 5.5, 7.16, 7.17.

Gold-wachtelfarbig

Silber-wachtelfarbig

Bassetten

Herkunft: Halbwild lebende kleinformatige Hühner zu Beginn des vorigen Jahrhunderts in der Umgebung von Lüttich/Belgien waren Ausgangstiere der zunächst als „Lütticher Bassetten“ bezeichneten Rasse.

Rassegeschichte: Nach 1914 planmäßige Züchtung und drei Jahre später Gründung des „Bassette-Clubs“. Erster Standard 1932. Nach dem Zweiten Weltkrieg waren die Bestände fast erloschen. Zuchtverbreitung in Deutschland ab 1958 durch Importe bei K. H. Collatz, Aurich.

Form und Kopf: Fast waagerecht getragener Körper, tiefer Legebauch, angewinkelter, voll besichelter Schwanz. Die Steuerfedern müssen etwas gefächert sein. Rücken und Schultern relativ breit. Mäßig lange Schenkel und kurze Läufe. Einfachkamm mit 5 regelmäßigen Zacken und der Nackenlinie folgende Fahne. Junghennen tragen den Stehkamm, bei Althennen neigt der Kamm sich zur Seite. Weiße Ohrscheiben mit leicht rötlichem Rand. Mittellange Kehllappen. Dunkelrote bis dunkelbraune Augenfarbe.

Farbenschläge: 4.13, 4.14.

Besonderheiten: Im Verhältnis zum Körpervolumen legen Bassetten erstaunlich große Eier. Sehr gute Aufzuchtergebnisse. Reizvolle Farbe und Zeichnung.

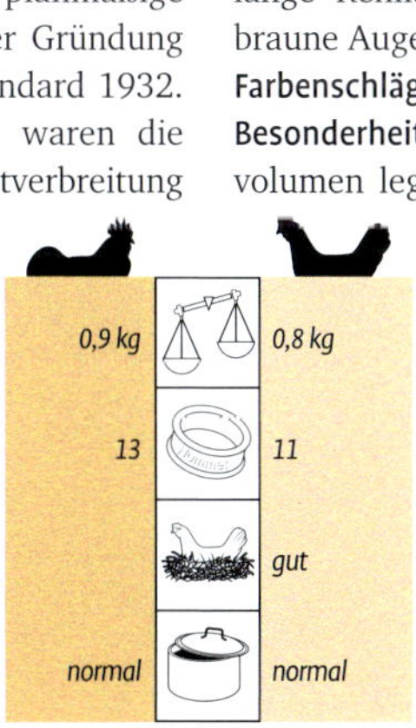

Schwarz-goldbraun gedobbelt

Schwarz-goldbraun gedobbelt

Bergische Kräher

Herkunft: Legendenhafte Berichte vom Ursprung dieser Rasse bei einem Köhler, später bei Graf Eberhard von Berg (Wuppergegend) im 12. Jahrhundert.

Rassegeschichte: Die genaue Entwicklung bis zum heutigen Rassetyp lässt sich wohl nicht mehr rekonstruieren. Wahrscheinlich haben spanische Mönche aus ihrem Heimatland lang krähende Hühner in das Bergische Land eingeführt. Langkräherwettbewerbe gab es schon im 15. Jahrhundert. Erwähnung dieser Rasse von P. Mangold 1885. Verbreitungsgebiet damals: Düsseldorf und benachbartes Westfalen. Nach neueren Annahmen wird diese Krährasse mit den Türkischen Langkrähern entstehungsmäßig in Verbindung gebracht.

Form und Kopf: Die Oberlinie ist hervorstechendstes Rassemerkmal: Aufwölbung des langen Rückens; kräftige, lang gestreckte, schlanke Figur, gut mittelhohe Stellung, langer Hals, gerundete Schultern, lange, fest anliegende Flügel, voller Hahnenschwanz mit langen Sicheln – im stumpfen Winkel zum Rücken getragen. Aufrechte Haltung. Mittelgroßer Stehkamm beim Hahn, leicht umliegende Kammfahne bei der Henne. Mandelförmige, reinweiße Ohrscheiben, orangefarbene bis hellbraune Augen.

Farbenschläge: Ausschließlich schwarz-goldbraun gedobbelt.

Hahn		Henne
3-3,5 kg		2-2,5 kg
20		18
		normal
normal		normal

Schwarz-weiß gedobbelt

Schwarz-weiß gedobbelt

Bergische Schlotterkämme

Herkunft: Nachfahren der alten bergischen Landhuhnschläge Holthauser Schimmel und Kuchhauser Gelbe. Vor 1700 gab es dort gold- und silberhalsige, schwarze, gesperberte und weiße Landhühner, die dann mit spanischen Rassen, von Mönchen eingeführt, gekreuzt wurden.

Rassegeschichte: Um 1800 entstanden schlotterkämmige Hühner mit „Mittelmeerblut", die durch Verpaarung mit Bergischen Krähern, Krüpern und Kastilianern veredelt wurden.

Form und Kopf: Deutliche Unterschiede zum Bergischen Kräher; gedrungene Form, tiefer gestellt, im Habitus kleiner, fast flacher Rücken, breite Schultern. Die Brust wird breit und voll, der Bauch „gut gefüllt" verlangt. Kräftige Schenkel, mittellange Läufe. Die Kopfpunkte sind namensgebend: Der Kamm beim Hahn ist einfach-gezackt, steht aufrecht mit gut entwickelter Fahne, die der Nackenlinie folgt. Der Hennenkamm neigt sich im hinteren Teil zur Seite und „schlottert" in der Bewegung, d.h. er kippt von der einen auf die andere Seite. Rote bis dunkelbraune Augen, länglich runde, weiße Ohrscheiben und nur mittellange Kehllappen bilden die übrigen Kopfpunkte.

Hahn		Henne
2–2,75 kg	Gewicht	1,75–2,25 kg
18	Ring	16
	Brut	normal
normal	Fleisch	normal

Farbenschläge: 5.1, 6.1, 7.18, 7,19.

Besonderheiten: Nicht ganz erreicht diese Rasse die Legeleistung und Fleischbildung der modernen Nutzrassen. Der Reiz ihrer Züchtung liegt in der Erhaltung alten Kulturgutes und der vitalen Robustheit. Die Züchterbasis müsste breiter werden.

Schwarz-gold gedobbelt

Schwarz-gold gedobbelt

Bergische Zwergkräher

Herkunft: Ab 1925 von Fritz Gebigke, Lennep, erzüchtet.

Rassegeschichte: Die Tiere bei E. Schlesinger, Schneeberg, brachten zwar deutlich verlängertes Krähen, waren aber im Format noch zu wenig zwergenhaft. Seitdem ist die Rasse nur in geringen Beständen vorhanden.

Form und Kopf: Auffälligstes Merkmal: Analog der Großrasse muss die Rückenlinie recht lang und deutlich nach oben gebogen sein. Der Rumpf wirkt gestreckt walzenförmig und ist durch die leicht gewölbte Brust und den gut entwickelten Bauch unten begrenzt. Mittelhohe Stellung, kräftige, gut sichtbare Schenkel und mittelhohe Läufe. Die Befiederung ist nicht lang, sondern eher hart und fest. Der Hahnenschwanz wird in stumpfem Winkel getragen. Die Körperhaltung der Henne weniger aufgerichtet; auch wirkt sie im Stand tiefer. Mittelgroßer Stehkamm mit leicht ansteigender Fahne. Leicht umliegende Kammfahne bei der Henne gestattet. Weiße, mandelförmige Ohrscheiben und mittellange Kehllappen. Die Augen sind orangefarben bis hellbraun.

Farbenschlag: Ausschließlich schwarz-gold gedobbelt. („Dobbel" = rundes Holzstück als Kinderspielzeug).

Hahn		Henne
1,1 kg	Gewicht	0,9 kg
15	Ring	13
	Legeleistung	gut
normal		normal

Besonderheiten: Der Ruf des Hahnes entspricht dem der Großrasse. Allerdings ist er meistens nicht so lang und wird in einer höheren Tonlage vorgetragen. Recht gute Legeleistung. Verdient unbedingt größere Verbreitung.

Schwarz-weiß gedobbelt

Schwarz-weiß gedobbelt

Bergische Zwerg-Schlotterkämme

Herkunft: Um 1925 angebliches Vorkommen in Deutschland als „Bergisches Zwerghuhn". Wiedererzüchtung durch H. Wieden 1985.

Rassegeschichte: Ausgangstiere waren ein Thüringer Bartzwerghahn mit einer geeigneten Zeichnungsanlage und Bergische Zwerg-Kräherhennen. Die Nachzucht war silberfarbig und trug Bartbildung nach Thüringer Art. Die geforderten umliegenden Kämme bei den Bergischen Zwergen erzielte der Züchter durch strenge Auslese. Standardaufnahme 1991.

Form und Kopf: Trotz Zwergenhaftigkeit muss eine gewisse Derbheit wie bei der Großrasse im Gesamteindruck vorhanden sein. Breite, leicht abfallende Walzenform des Rumpfes, gedrungener Hals, mittellange Rückenlinie sind rassetypisch. Brust und Schultern breit, volle Bauchpartie. Kräftige Schenkel. Die Hennenhaltung ist mehr waagerecht. Voll entwickelte Befiederung im Hahnenschwanz. Relativ großer Kamm, beim Hahn aufrecht, bei der Henne von einer auf die andere Seite „schlotternd". Weiße Ohrscheiben, abgerundete Kehllappen. Die Augen sind rot bis dunkelbraun.

Farbenschlag: Ausschließlich schwarz-weiß gedoppelt.

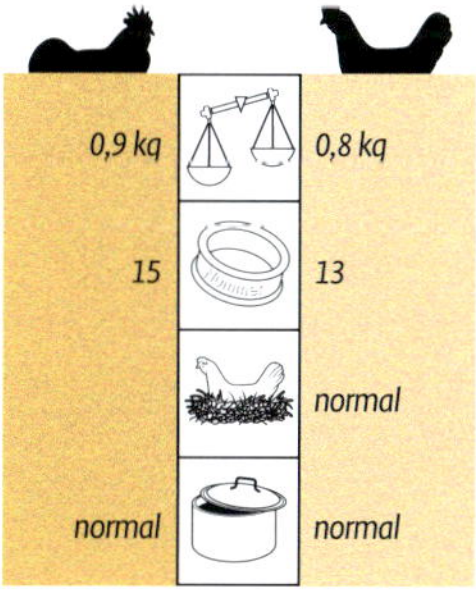

Besonderheiten: Kunstbrutfest, Frohwüchsigkeit der Küken und Eignung für eingeschränkte Platzverhältnisse sollten eigentlich dieser Zwergrasse mit der einzigartigen Zeichnung zu mehr Verbreitung verhelfen.

Kennfarbig

Kennfarbig

Bielefelder Kennhühner

Herkunft: Ab 1970 von G. Roth im Raum Bielefeld planmäßig entwickelt.

Rassegeschichte: Ausgangsrassen hauptsächlich gesperberte Hühner im „Halbasiaten-Typ“, Mechelner und Welsumer. Zunächst „Deutsches Kennhuhn“.

Form und Kopf: Im Schaukäfig kommt besonders der beachtliche Größenrahmen mit der geraden und langen Rückenlinie zur Geltung. Der waagerechte Rumpf soll formal einer Walze entsprechen. Die Schultern breit, tiefe Brust und volle Bauchregion, besonders bei der Henne in Legekondition. Zum Körpervolumen gehören die breiten Schultern und der kräftige Hals. Breite Steuerfedern und mittellange Sicheln im Hahnenschwanz. Der Kopf wird nur mäßig groß mit Einfachkamm beim Hahn und leicht umliegender Fahne bei der Henne verlangt. Kleine Kehllappen, rote Ohrlappen, orangerote Augen. Wichtig ist der Stand: Durch die kurzen Schenkel und die nur mittellangen Läufe wirkt er relativ niedrig.

Farbenschläge: 6.5, 6.7.

Besonderheiten: Ausgesprochene Leistungsrasse mit hervorragenden Nutzungseigenschaften und Widerstandsfähigkeit. Kennfarbigkeit lässt die Geschlechter beim frisch geschlüpften Eintagsküken erkennen: Hahn – ockergelb mit hellbraunem Rückenstreifen und weißem Sperberfleck auf dem Kopf. Henne – hellbraun mit satt dunkelbraunem Rückenstreifen und kleinem Sperberfleck auf dem Kopf.

3–4 kg		2,5–3,25 kg
22		20
		sehr gut
sehr gut		sehr gut

Chamois

Silber

Brabanter

Herkunft: Vorläufer der Helmhaubenhühner sind schon auf einem Gemälde des holländischen Malers Melchior d'Hondecoeter von 1668 abgebildet. Ihre Heimat ist Brabant. Rassebezeichnung seit 1896.

Rassegeschichte: In Deutschland wurden 1854 auf einer Ausstellung in Görlitz bereits Brabanter in schwarz und gesperbert gezeigt. 1865 wird die Rasse vorübergehend als „Hamburger Prachthuhn" bezeichnet. Einkreuzung von La Flèche in Frankreich und Deutschland. Gründung des deutschen Sondervereins 1984.

Form und Kopf: Relativ leichter, beweglicher Typ mit etwas aufgerichteter Haltung, vorne breiter, nach hinten schmaler werdender Rumpf. Reichlich besichelter Hahnenschwanz, hoch und etwas offen getragen. Brustlinie nach vorne gehend, wenig entwickelter Bauch. Freier Stand durch hervortretende Schenkel und mittellange Läufe. Hauptrassemerkmale sind der federreiche, dreigeteilte Bart und die aufrecht stehende, nach oben spitz zulaufende Haube, die wie ein seitlich zusammengedrückter Helm erscheint. Die langen Vorderfedern sind regulär etwas nach vorne gebogen.

Farbenschläge: 5.1, 5.2, 5.4, 5.5, 6.1, 7.1, 7.5, 7.8.

1,9–2,5 kg		1,5–2 kg
18		16
		normal
normal		normal

Besonderheiten: Reizvoll sind die Kopfpunkte. Die Nutzungseigenschaften sind begrenzt. Im Ausstellungskäfig wirken die abwechslungsreichen Farb- und Zeichnungsbilder interessant.

Wachtelfarbig

Wachtelfarbig

Brabanter Bauernhühner

Herkunft: Nach alten Gemälden gab es die Rasse schon im 17. Jahrhundert in Belgien. Ursprünglicher Rassename „Brabanconne" (analog der belgischen Nationalhymne).

Rassegeschichte: In Flamen wurde die Rasse als „Topman" und in Wallonien als „Houpette" (Schopfbildung) bezeichnet. Gründung des Sondervereins in Belgien 1906. In Brüssel zeigten Züchter schon 6 Jahre später 400 Brabanter auf einer Schau.

Form und Kopf: Gesamteindruck: mittelgroßes Huhn mit breitem, leicht abfallendem Rumpf. Volle Hahnenbefiederung an Sattel und Schwanz; Sichelung nicht zu lang, eher geschlossen. Gut entwickelte Bauchregion; Brustlinie etwas vorgewölbt und leicht angehoben getragen. Einfacher, aufrechter Hahnenkamm; die Henne trägt den rassetypischen Wickelkamm, der im Vorderteil gewellt ist. Beide Geschlechter zeigen Schopfbildung am Hinterkopf, die nicht zu stark sein darf. Passende gerundete Kehllappen, weiße Ohrscheiben, dunkelbrauner Augenrand. Zu achten ist auf dunkelbraune, schwärzliche Augenumrandung als Rassemerkmal. Relativ niedriger Stand durch kurze Schenkel und mittellange Läufe.

Hahn		Henne
2–2,5 kg		1,5–2 kg
18		16
		sehr gut
normal		normal

Farbenschläge: 4.13, 4.15.

Besonderheiten: Gute Widerstandskraft gegen Krankheiten und eine beachtliche Legeleistung (bis zu 200 Eier im ersten Jahr). Die Jungtiere sind etwas spätreif. Interessantes wildhuhnähnliches Verhalten.

Blau-rebhuhnfarbig

Weiß-schwarzcolumbia

Brahma

Herkunft: Ausgangstiere sollen drei Paare „Riesenhühner“ gewesen sein, die 1846 von Indien in die USA gelangt sind. Bezeichnungen: „Brahmapootras“ und „Chittagongs“.
Rassegeschichte: Zunächst Züchtung auf Masterträge zur Belieferung des Marktes in Boston. Hahnengewicht von über 8 kg. Als Schaurasse durch Einkreuzung von Cochin. Vermutlich auch Verwendung von Malaien. 1852 Einfuhr nach Nürnberg.
Form und Kopf: Im Größenrahmen mächtigste Rasse im europäischen Standard. Breiter Rumpf, ansteigende Rückenlinie; Brust- und Bauchregion breit, voll und rund. Übermittellange Schenkel und starkknochige Läufe bilden den freien Stand. Die Läufe, die Mittel- und Außenzehen sind befiedert. Außerdem sitzt auf den Schenkeln eine stulpenartige Befiederung. Die Henne erscheint durch den etwas tieferen Stand noch gedrungener. Die Befiederung insgesamt soll sehr voll sein. Kleiner Erbsenkamm mit dreireihiger Perlung ohne Auslauf (Dorn), kleine Kehllappen, rote Ohrlappen, orangerote Augen.

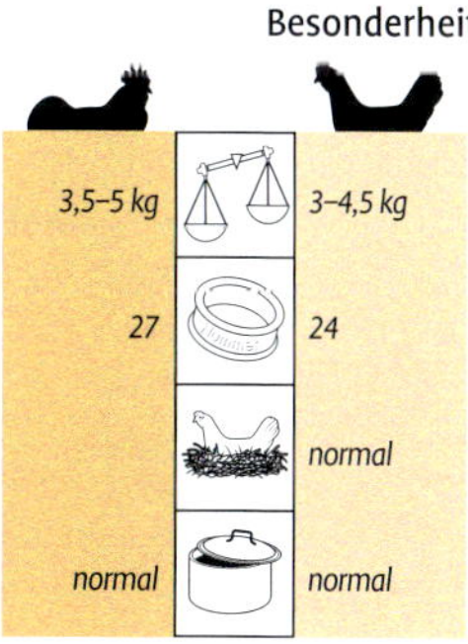

Farbenschläge: 3.2, 4.1, 4.5, 4.6, 5.1, 5.3, 7.9, 7.10, 7.12.
Besonderheiten: Attraktives Schauhuhn durch seine imposante Größe. Ruhiges Wesen. Zufriedenstellende Eier- und Fleischleistung. Frühbruten sind wegen recht langer Entwicklungszeit empfehlenswert.

Gold

Silber

Brakel

Herkunft: Belgische Campiner-Hühner sind die Vorläufer der Brakel-Rasse. Schon 1416 wird in einer Notarsakte der Handel mit solchen Hühnern zwischen den belgischen Dörfern Nederbrakel und Oudenaarde erwähnt. 1898 Gründung des ersten Sondervereins in Niederbrakel; Ausstellung von 550 Tieren dieser Rasse im gleichen Jahr.

Rassegeschichte: Ab 1880 in Deutschland „Bräkel-Hühner". Um 1895 weite Verbreitung, besonders in Norddeutschland. Gründung des Sondervereins in Bremen 1907. Zunächst zwei Zuchtrichtungen: leichter Typ und die mehr als 3 kg schweren „Geraadsbergsche". Vereinigung beider Typen durch Verbandsbeschluss 1925: „Kempische Brakel". Untergang dieser Rasse in Belgien bis ca. 1970. Zuchtbelebung in Deutschland.

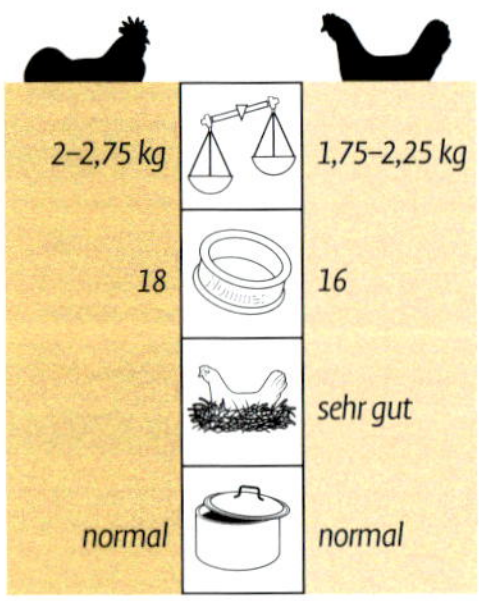

Form und Kopf: Landhuhnform im breiten Rechteckschnitt, derb wirkend; breite Schultern, leicht abfallender Rücken. Üppige, breite Sicheln auf dem Hahnenschwanz; hoch getragen. Gut entwickelte Brust- und Bauchpartien. Wenig sichtbare Schenkel, mittelhohe Läufe. Einfachkamm mit 5 bis 6 Zacken, bei der Henne hinterer Teil zur Seite geneigt. Bläulich weiße Ohrscheiben, gut mittelgroße Kehllappen, dunkelbraune Augen mit schwärzlicher Lidbildung.

Farbenschläge: 7.1,7.2.

Besonderheiten: Überdurchschnittliche Legeleistung. Nichtbrüter. Temperamentvolles Verhalten. Feines Farb- und Zeichnungsmuster. Attraktive Ausstellungsrasse.

Blau

Schwarz

Breda

Herkunft: Erwähnungen und Namensgebung in Breda/Nordbrabant. Schon im 17. Jahrhundert werden Breda-Typen auf Gemälden abgebildet („De Hoenderhof“ von Jan Steens um 1600). Frühere Bezeichnung „Gelderisches Huhn“ und „Krähenschnabelhuhn“.

Rassegeschichte: Wahrscheinlich um 1650 züchterisch geformt unter Verwendung von Crève Coeur und La Flèche.

Form und Kopf: Die Körperlinien umreißen ein mittelgroßes, lang gestrecktes Huhn in leicht abfallender Walzenform. Die harte Besichelung des Hahnenschwanzes bringt die säbelförmig gebogenen Hauptsicheln. Brust zwar vorgewölbt, aber hoch angesetzt. Besonders der Legebauch der Henne wird voll und breit verlangt. Die Kombination von kräftigen, stulpenartig befiederten Schenkeln, an der Außenseite mit Federn besetzten Läufe und die Kammstruktur sind einzigartig. Eigentlich fehlt der Kamm; stattdessen sitzt auf dem Schädel eine mit roter Fleischhaut ausgekleidete Vertiefung mit leicht wulstigen Rändern, an der Stirn etwas erhöht. Hinter dieser Stelle sitzt ein kleiner Federschopf. Kleine, mandelförmige, weiße Ohrscheiben und große orangefarbene bis dunkelrote Augen gehören zum Kopfausdruck.

Hahn		Henne
2,5–3 kg	Gewicht	1,75–2,25 kg
2,5–3 kg	Ring	1,75–2,25 kg
	Legeleistung	gut
normal	Kochtopf	normal

Farbenschläge: 5.1, 5.2, 5.4, 5.5, 6.1.

Besonderheiten: Die Rasse stellt ein echtes westeuropäisches Kulturgut dar. Überdies loben die Züchter die gute Legeleistung und begeistern sich an den Merkmalen des Kopfes und der Beinbefiederung.

Birkenfarbig

Schwarz

Brügger Kämpfer

Herkunft: Vorfahren waren wahrscheinlich alte Kampfhuhnschläge, die schon zur Römerzeit in Flandern gezüchtet wurden. In Belgien entstanden dann mehr einheitliche Kämpfer aus Malaien und landhuhnartigen Kämpfern um 1850.

Rassegeschichte: Zusammenfassung aller belgischen Kämpferrassen (Brügger, Lütticher und Brabanter) in eine Schauklasse 1923. In Deutschland vor dem Ersten Weltkrieg „grobschlächtige Riesen mit ungewöhnlicher Muskulatur" (W. Detering). Trennung der Brügger vom Lütticher Kämpfer erfolgte im deutschen Standard 1975.

Form und Kopf: Auffallend breiter Körper mit wuchtigem Gesamtausdruck. Waagerecht gehaltener Rücken von mäßiger Länge. Breite, vorgewölbte Brust. Sehr breite Schultern und gut entwickelter Bauch. Kämpferartige Halslänge, knapp besichelter Hahnenschwanz. Auffallend starke Läufe mit gut entwickelten Sporen, manchmal auch zulässige Doppelsporen. Kräftige, hervortretende Schenkel. Schmaler, maulbeerfarbiger Erbsenkamm, dunkle Gesichtsfarbe, starker Schädelbau, wenig entwickelte Kehllappen, dunkle Augen. Sporenbildung bei der Henne gilt als Vorzug.

4,5–5,5 kg		3,5–4 kg
24		22
		gut
gut		gut

Farbenschläge: 1.4, 1.7, 1.8, 1.24, 2.4, 2.9, 3.1, 3.2, 5.1, 5.4.

Besonderheiten: Kraftstrotzendes Körpervolumen, kämpferischer Ausdruck und Muskelmasse. Bestandssicherung und weitere Verbreitung erforderlich. Recht gute Nutzungseigenschaften. Etwas hitzeempfindlich.

Blau-rot

Blau-rot

Brügger Zwergkämpfer

Herkunft: Nach dem Standard in Deutschland erzüchtet.

Rassegeschichte: Vermutlich haben die Brügger Zwergkämpfer eine parallele Entwicklung mit den Lüttichern als anfangs gemeinsame Rasse „Belgische Zwergkämpfer". (Siehe Rassegeschichte bei „Lütticher Zwergkämpfer").

Form und Kopf: Der Brügger wirkt insgesamt kräftiger und robuster. Breite und kurze Rumpfpartie. Knapp mittellange Rückenlinie. Körperhaltung mehr waagerecht. Breite, aber nicht so extrem vorstehende Schultern. Der Stand wird durch die kräftigen, hervortretenden Schenkel und die starkknochigen, mit Doppelsporen besetzten Läufer gebildet. Im Unterschied zum Lütticher trägt der Brügger-Hahn das mäßig entwickelte Schwanzgefieder etwas flacher. Der Kopf ist größer als beim Lütticher. Die Gesichtshaut muss möglichst dunkel bis violettrot sein, besonders bei der Henne. Kleiner Erbsenkamm und kleine maulbeerfarbige bis schwarzrote Kehllappen, gleichfarbige kleine Ohrlappen und dunkle Augen mit schwärzlichen Lidrändern.

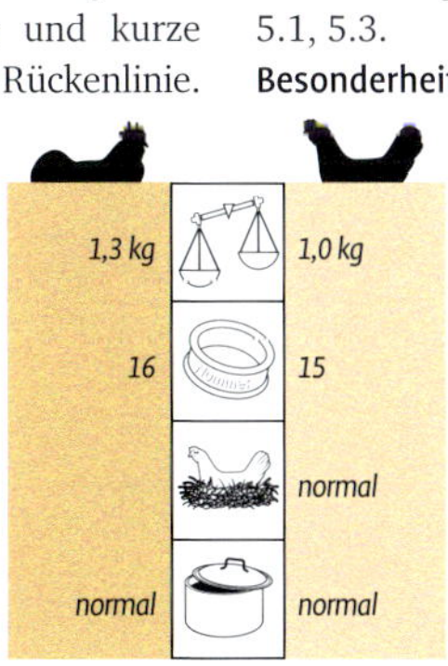

Farbenschläge: 1.6, 1.9, 1.23, 1.24, 2.5, 2.8, 5.1, 5.3.

Besonderheiten: Die Rasse gehört zu den Raritäten. Erstrebenswert wären zur Rasseerhaltung Fördermaßnahmen und besondere Anreize durch länderübergreifende Maßnahmen. Die Legeleistung kann mit nutzungsbetonten Rassen nicht mithalten. Bei der Aufzucht muss die Aggressivität der Junghähne beachtet werden.

Schwarz

Gelb mit schwarzem Schwanz, gelockt

Chabos

Herkunft: Einfuhren aus China nach Japan um 1630. Nach England bei Woodcock ab 1850. Chabo-ähnliche Typen sind auf dem Gemälde des Holländers Jan Steens 1660 abgebildet.

Rassegeschichte: Importe nach Deutschland 1857 aus London und 1860 nach Dresden. Seidenfiedrige ab 1881 und Gelockte ab 1884 (Baronin von Ulm-Erbach). Zuvor waren glattfedrige 1877 und 1881 eingeführt worden.

Form und Kopf: Kurzer Rumpf mit breiter, stark gewölbter Brust, breiten Schultern, sehr kurzer Rücken und tief getragene Flügel. Haltung des Schwanzes mit recht langen Steuerfedern und den säbelförmigen Hahnensicheln hochragend. Gestaffelte, anliegende Nebensicheln. Der Schwanz der Henne ragt mit einem Drittel der Länge über den Kopf hinaus. Volle Bauchpartie. Sehr tiefer Stand durch sehr kurze Schenkel und Läufe. Runde, dicke Beinknochen, in den Gelenken gewinkelt. Kamm und Kehllappen wirken auf dem breiten Kopf überdimensional. Bei der Henne Stehkamm gestattet. Rote Ohrlappen. Federstrukturen: glatt, seidenfiedrig und gelockt.

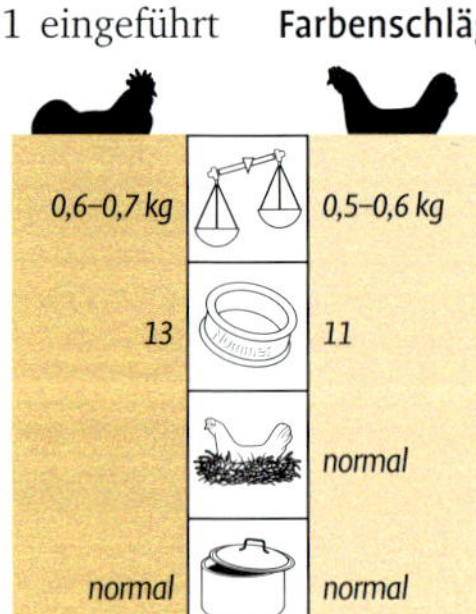

Farbenschläge: 1.2, 1.4, 1.15, 2.1, 2.5, 2.8, 3.7, 4.3, 4.4, 4.7, 4.8, 5.2, 5.3, 6.1, 7.9, 7.12, 10.4, 10.5, 10.7, 11.4, schwarz mit rotem Kamm und mit rotem Gesicht, schwarz mit dunklem Kamm und mit dunklem Gesicht.

Besonderheiten: Altes asiatisches Kulturgut, zahlreiche Spielarten in Farben und Federform. Spalterbig.

Gelb

Schwarz-weiß gescheckt

Cochin

Herkunft: Ursprungsheimat ist das heutige Vietnam, früher als Cochin China bezeichnet. 1843 Einfuhr nach England in den Besitz der Königin Viktoria. Erneute Einfuhr 1847 aus Shanghai. Schon 1860 alle wesentlichen Rassemerkmale des heutigen Typs.

Rassegeschichte: In USA und Frankreich separate Einfuhr aus China 1848. Erstvorkommen der Rasse im Berliner Zoo 1850. Das Genmaterial der Cochin fließt in einigen heutigen schweren Rassen.

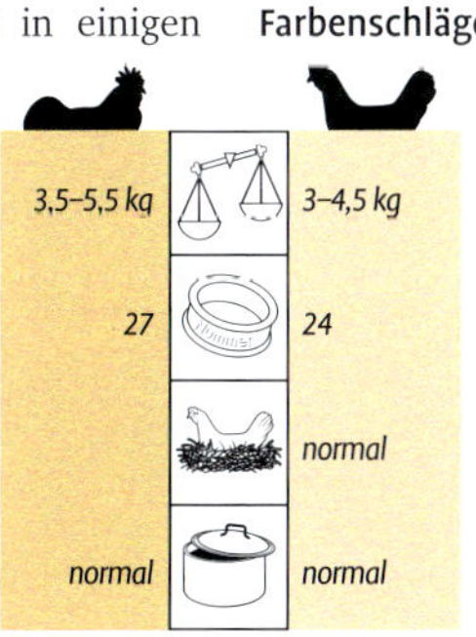

Form und Kopf: Im Vordergrund steht der tiefe, breite und massige Rumpf. Der breite Rücken ist kurz und geht in die nach oben gewölbte Kruppe über. Volles und bauschiges Gefieder im Sattel. Hahnenbefiederung im Abschluss nur wenig über die Steuerfedern hinausragend. Deutlich tieferer Stand als die Brahmas. Besonders die Hennenfigur zeigt durch breite und runde, tief getragene Brust und die niedrige Stellung den großen „Federball". Üppige Schenkelbefiederung, kräftige Läufe mit befiederten Außen- und Mittelzehen (Latschen). Kopf und Kamm klein, einfache Zackung, feine Kehllappen, schmale, rote Ohrlappen, orangerote Augen.

Farbenschläge: 5.1, 5.3, 5.5, 5.6, 6.2, 7.9, 10.7.

Besonderheiten: Problemlose Aufzucht und Frohwüchsigkeit der Küken; Legeleistung und Fleischverwertung für Selbstversorgung. Ausgesprochene Zahmheit und wenig Flugtrieb, daher auf relativ kleinem Raum unterzubringen. Hoher Schauwert im Ausstellungskäfig.

Schwarz

Schwarz

Crève-Coeur

Herkunft: Um 1550 in Frankreich beschrieben. Vorläufer waren wahrscheinlich Paduaner-Hühner und Polvera aus Russland und Persien. Die Namensgebung von dem französischen Dorf und Kloster Crève Coeur, allerdings werden auch andere Orte genannt.

Rassegeschichte: Aus regionalen Landhühnern wurden unter Verwendung von Dorking gut mastfähige Hühner erzielt. Spätere Einkreuzung von Englischen Kämpfern. 1857 Einfuhr nach Dresden. 1911 Gründung eines Spezialclubs für diese Rasse. Geringe Bestände überlebten den Zweiten Weltkrieg. Größere Bestände nur noch in Sachsen.

Form und Kopf: Walzenförmiger Rumpf in recht massiger Ausprägung. Breiter Rücken, volle Brust, gut entwickelte Bauchpartie. Fast waagerechte Haltung, breiter Stand, kaum mittellange Läufe und kurze Schenkel. Geweihkamm, d.h. zwei gleichförmige, im Querschnitt runde, wenig gebogene „Hörner". Diese Zapfen stehen im Ideal wie ein erweitertes lateinisches V auseinander. Sehr dichte Haube aus breiten, langen Federn. Augen und Kamm müssen freiliegen. Kleine Kehllappen vom Bart verdeckt. Rotgelbe Augenfarbe.

Farbenschläge: 5.1, 5.3, 5.5, 5.6, 6.1, 7.9, 10.7.

2,5–3,5 kg		2–3 kg
20		18
		normal
normal		normal

Besonderheiten: Einzigartige Kopfmerkmale unter den Hühnerrassen; ruhiges Temperament, gute Aufzuchtergebnisse durch Frohwüchsigkeit.

Schwarz

Schwarz

Croad-Langschan

Herkunft: Als Vorläufer der heutigen Rasse gelten „robuste Riesenhühner“ (R. Wandelt) aus Nordchina vor 5000 Jahren. Die Entstehungsgebiete sind umstritten, z.B. wird das Nordufer des Jangtsekiang angenommen.

Rassegeschichte: 1872 gelangten die ersten Tiere nach England (Durrington). In gleicher Zeit Importe nach den USA und nach Frankreich. Namensgebung nach der Nichte eines englischen Majors A. C. Croad. Einfuhr nach Deutschland (Kiel) in 1879. Langschan-Züchter-Club in England 1904. Erneute Verbreitung ab 1955 in Deutschland. Gründung des Sondervereins 1980.

Form und Kopf: Auffallende Standhöhe durch lange und starke Schenkel mit recht langen, in den Fersengelenken nur gering gewinkelten Läufen. Befiederung dort an den Außenseiten bis zur Spitze der Außenzehen. Mittel- und Innenzehen glatt. Breiter und tiefer Rumpf, gedrungen wirkend. Lyraform im Rücken vom Hinterhals bis zum hoch getragenen Schwanz, der beim Hahn voll mit Sicheln besetzt ist. Brust breit und voll, dabei etwas angehoben getragen. Bauchlinie betont. Auf dem breiten Kopf sitzt der Einfachkamm bei beiden Geschlechtern in stehender Struktur. Abgerundete Kehllappen, rote Ohrlappen und große, schwarzbraune Augen.

Farbenschläge: 5.1, 5.5.

Besonderheiten: Eindrucksvolle Größe, reichliche Eierproduktion, Vitalität und Robustheit. Beliebt sind die dunkelbraunen Eier.

Hahn		Henne
3,75–4,25 kg	Gewicht	3–3,5 kg
24	Ring	22
	Brut	gut
normal	Futter	normal

Wildfarbig-zimtfarbig

Wildfarbig-zimtfarbig

Cubalaya

Herkunft: Spanier und Portugiesen brachten von der Insel Kuba seit dem 16. Jahrhundert die Ahnen der heutigen Cubalaya nach Europa. Außerdem gelten die Manilos de Regla von den Philippinen und eine erbsenkämmige Malaienrasse zu den Ausgangsstämmen.

Rassegeschichte: Seit 1935 gibt es diese Rasse im kubanischen, seit 1939 im amerikanischen Standard. Nach Deutschland kamen die ersten Tiere 1978 durch F. Swist aus der Zucht von W. Schmudde/USA. Offizielle Anerkennung in Deutschland 1983.

Form und Kopf: Auffallend ist die abfallende Haltung, besonders im Hinterkörper und im langen, breiten Hahnenschwanz. Dieser soll gut gespreizt (ähnlich wie beim Hummer) sein und etwas gewölbt erscheinen. Durch lange Neben- und Hauptsicheln wird der Schwanz schleppend getragen. Die breiten Schultern verraten etwas Kämpfererbe im „Blut“.

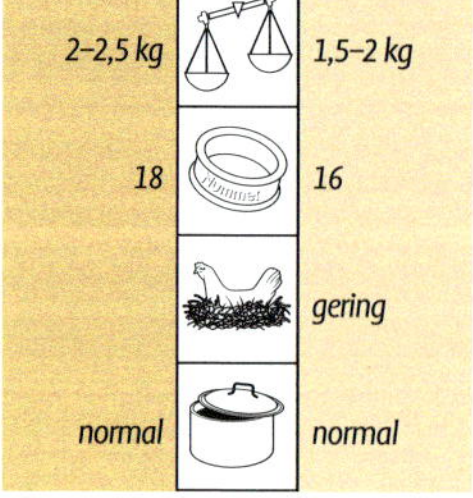

Die Unterlinie wird durch die breite, hervortretende Brust und den knappen, angezogen getragenen Bauch gebildet. Die Senkung der Oberlinie ist bei der Henne noch mehr ausgeprägt. Die etwas hervorstehenden Augenwülste erinnern wieder an die Kämpferabstammung. Dreireihiger Erbsenkamm mit Anstieg nach hinten. Kleine, glatte, rote Ohrlappen, sehr kleine Kehllappen; rot bis rotbraune Augenfarbe. Der Stand entsteht durch die langen, muskulösen Schenkel und die mittellangen Läufe, die auch Mehrfachsporn tragen können.

Farbenschläge: wildfarbigzimtfarbig, blau-zimtfarbig, weiß.

Schwarz-gold

Schwarz

Denizli

Herkunft: Als „älteste Langkräherrasse des vorderasiatischen Raumes" bezeichnet. Nach Angaben aus einer westanatolischen Zuchtstation soll der dortige „Denizli horos" schon im Osmanischen Reich (ab 1300) vorkommen. Ob diese türkische Kräherrasse die Vorläufer der Bergischen Kräher darstellt, ist ungewiss.

Rassegeschichte: Der deutsche Züchter W. Vits importierte um 1987 die ersten Denizli nach Deutschland. Die Rasse wurde 1991 in den deutschen Standard aufgenommen. Der Phänotyp war zunächst im Vergleich zu deutschen Rassen uneinheitlich, hat aber inzwischen einen klaren Zuchtstand erreicht.

Form und Kopf: Der Habitus gilt als „derbe Landhuhnform". Schlanker, walzenförmiger Rumpf, recht langer Hals, gerader, mittellanger Rücken, „verjüngter" Sattel. Der Schwanz, beim Hahn zwar breitfedrig, aber mäßig besichelt, wird im rechten Winkel zum Rücken getragen. Brust und Bauch sind nicht stark entwickelt. Hervortretende Schenkel und lange Läufe bilden den freien Stand. Die Henne steht niedriger und wirkt mehr waagerecht in der Haltung. Mittelgroßer Kamm mit 5 bis 6 tief geschnittenen Zacken; bei der Henne darf er im hinteren Teil umliegen. Rote Ohrlappen, leichte Weißeinlagerung gestattet; mittellange Kehllappen und dunkelbraune Augen. Manche Tiere zeigen den zugelassenen Schopf.

Farbenschläge: 1.9, 2.5, 5.1.

2,5–3 kg		2–2,5 kg
20		18
		normal
normal		normal

Lachsfarbig

Lachsfarbig

Deutsche Lachshühner/Faverolles

Herkunft: Entwickelt aus dem französischen Faverolles-Huhn. Die Bezeichnung erstmals 1866. Ursprünglich reines Schlachtgeflügel. Blutführung von Houdan, Brahma und Dorking. In England gleichzeitig veredelt.

Rassegeschichte: In Deutschland schon um 1890 Beginn der Umzüchtung. 1912 eigener Standard für die deutsche Zuchtrichtung. Die meisten Tiere waren damals noch bartlos, glattbeinig und vierzehig. Seit der Sondervereinsgründung 1910 Umstellung auf lachsfarbige Zuchthähne. Umbenennung in „Deutsche Lachshühner".

Form und Kopf: Die Umrisse gleichen in der Seitenansicht einem breiten, langen Viereck mit mehr Tiefe in der Hinterpartie. Breites, volles Gefieder. Langer Rücken, waagerechte Haltung, breite Schultern, volle Brust und Bauchlinie. Der Hahnenschwanz ist relativ kurzfedrig, wenn auch mit kurzen Sicheln gut bedeckt. Die Henne wirkt gedrungener als der Hahn. Sie zeigt verlängerte, seitliche Halsfedern (Krause). Einfachkamm, der auch bei der Henne stehen soll. Wenig Kehllappen, verdeckt vom sehr vollen Federbart. Orangefarbene bis rote Augen. Fünfzehigkeit, wobei die fünfte Zehe an der Innenseite des Laufes steht und gut getrennt sein soll von der vierten Zehe. Läufe an den Außenseiten und Außenzehen befiedert.

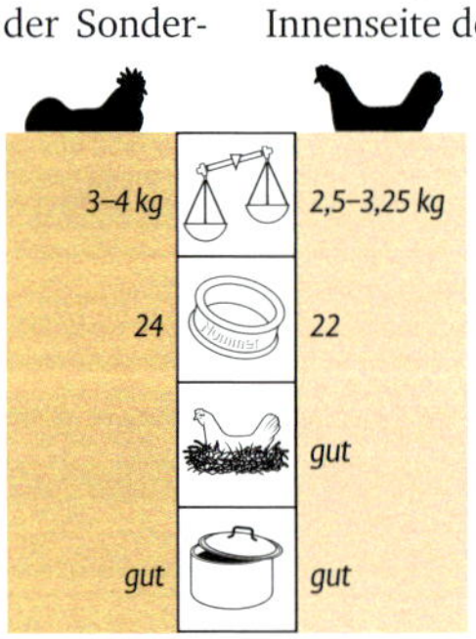

Farbenschläge: 3.6, 4.1, 5.5.

Besonderheiten: Apartes Farbspiel; gute Kälteresistenz durch geschützte Kehle, üppiges Gefieder. Geringe Flugeigenschaft, Zutraulichkeit.

Schwarz

Schwarz

Deutsche Langschan

Herkunft: In Deutschland ab 1879 aus der alten Croad-Langschan-Rasse, Plymouth Rocks, Minorka und Sumatra erzüchtet.

Rassegeschichte: Zur Erzielung der Weißen wurden um 1880 weiße Orpington und weiße Wyandotten beim Wiener Züchter Baron Villa-Secca verwendet. Erster deutscher Standard 1904, 1907 erster Spezialclub. 1921 werden Rehbraune, Gestreifte, Gelbe („Lincolnshire Buff“, „Cröllwitzer“) erwähnt. Vorübergehend gab es Weizenfarbige, die jedoch nicht zur Anerkennung kamen. Die neu anerkannten Braunbrüstigen waren damals schon vorhanden.

Form und Kopf: Langer Körper mit langem Hals und ansteigender Rückenlinie. Dabei wird der Vorderkörper durch die tief liegende Brust abgerundet; der Hinterkörper ist mehr dreieckig. Eingehüllte Steuerfedern beim Hahn durch breite Sicheln und Deckfedern. Auffallend hoher Stand durch mittellange Schenkel und lange Läufe. Kleiner, stehender Einfachkamm, kleine Kehllappen und rote Ohrlappen. Schwarzbraune Augen.

Farbenschläge: 1.7, 5.1, 5.4, 5.5.

Besonderheiten: Edle Linienführung durch den Kontrast von Vorder- und Hinterkörper. Frühreife, Wetterhärte, Leistungsfähigkeit und lebhaftes Temperament.

Weiß-schwarzcolumbia

Weiß-schwarzcolumbia

Deutsche Reichshühner

Herkunft: Der deutsche Offizier K. Cremat entwickelte um 1900 die Vorstellung von einem leistungsbetonten Huhn mit guter Winterlegetätigkeit, Widerstandsfähigkeit und gutem Fleischertrag.

Rassegeschichte: Zuerst gab es Weiße und Helle. Dazu standen weiße Wyandotten, rosenkämmige weiße Orpington, weiße Dorking und Minorka, Sussex und gesperberte Mechelner bzw. Dominikaner Pate. 1907: „Deutsches Reichshuhn“.

Form und Kopf: Zwar elegant und feinknochig, jedoch langer Körper im Rechteckschnitt mit parallel verlaufender Ober- und Unterlinie. Breiter Rücken in waagerechter Haltung. Stumpfer Winkel zwischen flachem Sattel und Schwanz. Tiefe, breite Brust und volle Bauchregion. Mittellange, geschlossene Besichelung des Hahnes. Auf dem kleinen Kopf sitzt der mittelgroße, fein geperlte Rosenkamm, dessen schmales Ende (Dorn) dem Nacken folgt. Fein strukturierte Kehllappen, rote Ohrlappen, rote bis orangerote Augenfarbe; bei birkenfarbigen Hennen auch braun gestattet. Zum Stand gehören gut sichtbare Schenkel und feinknochige Läufe.

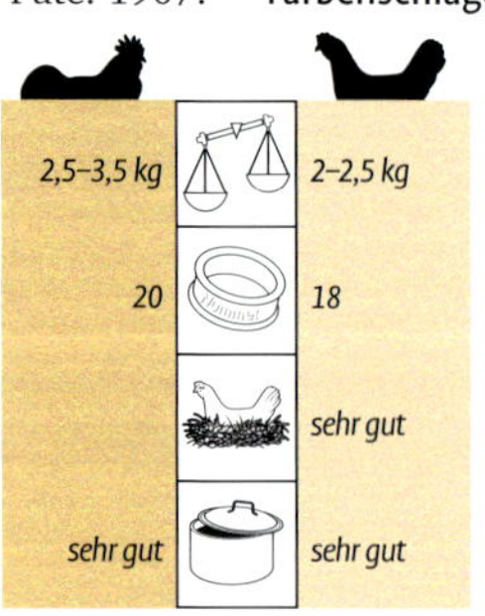

Farbenschläge: 2.4, 4.1, 4.5, 5.1, 5.5, 5.7, 6.4, 7.3, 7.4.

Besonderheiten: Die ursprünglich genannten Zuchtziele sind inzwischen gesteigert. Legeleistung von oft mehr als 200 Eier pro Henne und Jahr. Feines, weißes Tafelfleisch. Gute Mästbarkeit. Imposantes Rassehuhn im Schaukäfig.

Deutsche Sperber

Herkunft: Der Duisburger Züchter O. Trieloff erzielte durch Verpaarungen von Italienern, Plymoth Rocks, Bergischen Schlotterkämmen und Minorka um 1900 eine neue Rasse, die er zunächst „Rheinische Sperber“, später dann „Gesperberte Minorka“ nannte.

Rassegeschichte: Nach Gründung des ersten Sondervereins 1907 Umzüchtung des zunächst leichten Typs auf mehr Körpervolumen. 1917 Rassename Deutsche Sperber. Andere Zuchtrichtung bei A. Schneider, Dresden, unter Verwendung von Grauen Schotten. Nach 1945 Aufschwung durch beachtliche Leistungsattribute. Nach 1970 Rückgang und bis heute ausgesprochene Rarität.

Form und Kopf: Stattliche Landhuhnrasse mit kraftvollem Typ. Rumpf lang und breit. Sattel und Schwanz des Hahnes mit vollem Behang, im stumpfen Winkel zum Rücken getragen. Ausgeprägte Brust- und Bauchlinie, besonders bei der Henne. Kaum hervortretende Schenkel und eher feinknochige Läufe. Mittelgroßer Einfachkamm, bei der Henne umliegend, ohne das Auge zu bedecken. Nicht zu große Kehllappen, glatte, reinweiße Ohrscheiben, rote bis hellbraune Augenfarbe.

2,5–3 kg		2–2,5 kg
20		18
		sehr gut
sehr gut		sehr gut

Farbenschlag: Ausschließlich gesperbert.

Besonderheiten: Die Rasse verdient eigentlich aufgrund ihrer sehr guten Legeleistung und des feinen Tafelfleisches mehr Verbreitung. Vorteilhaft ist auch der fehlende Bruttrieb, sodass die Legeperiode recht lange ist. Nichtflieger, ohne hohe Umzäunung zu halten.

Schwarz

Rot gesattelt

Deutsche Zwerghühner

Herkunft: Als Erzüchter gilt Wilhelm Müller, Magdeburg. Ausgangspaarungen zwischen Bantam und Zwerg-Phönix wurden später ergänzt durch Verwendung von Landzwerghühnern und Altenglischen Zwerg-Kämpfern in der Zeit zwischen 1911 und 1917.

Rassegeschichte: Ab 1918 Vorstellung anderer Farbenschläge wie schwarz, weiß und orangehalsig. 1924 Goldhalsige und Rotgesattelte. Ab 1962 die übrigen Farbenschläge.

Form und Kopf: Der Körper muss doppelt so lang wie hoch sein. Der walzenförmige Rumpf wird waagerecht getragen. Die Überlinie verläuft über den geraden Rücken ohne Knick und Winkel in die leicht angehobene Schwanzpartie, die beim Hahn reichlich mit Neben- und Hauptsicheln befiedert ist. Dem entspricht der volle Halsbehang, der die Schultern bedeckt. Die Flügel sollen mit dem Körperende abschließen. Brust leicht vorgewölbt, etwas betonte Bauchlinie. Kaum mittelhoher Stand. Die Kammlinie ist edel: Klein, regelmäßige Zackung, die Fahne freistehend. Kleine Kehllappen, weiße Ohrscheiben. Die Augenfarbe ist leuchtend dunkelrot.

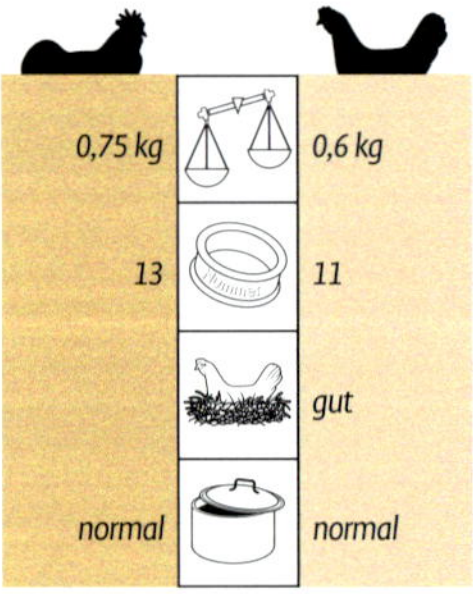

Farbenschläge: 1., 1.4, 1.14, 1.21, 2.1, 2.4, 3.3, 4.1, 4.2, 4.5, 5.6, 10.7, 11.4, blau-orangehalsig.

Besonderheiten: Zucht und Haltung in jeder Hinsicht ohne Probleme. Legefreudige Hennen, leicht aufzuziehende Küken. Reichliche Auswahl unter den zahlreichen Farbenschlägen.

Lachsfarbig

Lachsfarbig

Deutsche Zwerg-Lachshühner

Herkunft: Bemühungen ab 1922 zur Verzwergung bei E. Heinz, Dresden. 1929 erste Ausstellungstiere in Leipzig.

Rassegeschichte: Ein Hahn der Großrasse in geeignetem Mini-Format, Federfüßige Zwerghennen und helle Zwerg-Brahma bildeten den Ausgangsstamm. Probleme bereiteten die Erzielung der Trapezform und die richtige Lauffarbe. 1953 Vorstellung des weißen Farbschlages. 1959 Schwarze und Blaugesperberte. 1981 Neuzüchtung der Farbenschläge „Hell“ und Schwarz.

Form und Kopf: Trapezförmiger Rahmen. Breiter, tiefer, langer Rumpf mit weit nach unten und vorn reichender Brust und voller Bauchlinie. Die Hennenform ist gedrungener. Die Schwanzbefiederung ist eher kurz, die Oberlinie dort leicht ansteigend. Kräftige, kaum mittellange Schenkel und feinknochige Läufe (an den Außenseiten befiedert). Die fünfte Zehe ist gut von der vierten getrennt und leicht aufwärts gerichtet. Wenig auffallend der Einfachkamm. Ohr- und Kehllappen vom sehr vollen Backen- und Kehlbart verdeckt. Orangefarbige bis rote Augen.

Farbenschläge: 3.6, 4.1, 5.5.

Besonderheiten: Leistungsstarkes Zwerghuhn bezüglich Eier und Tafelfleisch. Grundsatz: „Leistung und Schönheit“. Sehr angenehme Farbbilder (bei Hahn und Henne stark unterschiedlich). Frühe Geschlechterkennung an dem Erstlingsgefieder.

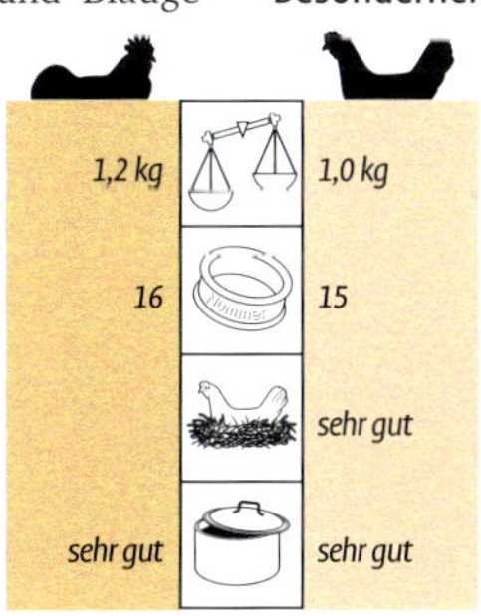

Schwarz

Gestreift

Deutsche Zwerg-Langschan

Herkunft: Johann Heermann, Wedel/Holstein wollte „ein kleines Hühnchen, vornehm und edel, alles harmonisiert in vollkommener Weise". Dies gelang durch die Verpaarung von großen Langschan, Zwerg-Cochin, Bantam und silberhalsigen Landzwerghühnern vor 1910.

Rassegeschichte: Spätere Einkreuzung von Modernen Englischen Zwerg-Kämpfern. 1910 erstmalige Vorstellung auf einer Ausstellung in Hamburg. 1916 entstanden die Roten, 1924 die Blau-Gesäumten, 1962 die Birkenfarbigen und Orangebrüstigen, 1969 die Gesperberten, 1993 die Blau-Orangebrüstigen.

Form und Kopf: Harmonische Gesamterscheinung durch das Exterieur. Tief gehende Brust, Rückenanstieg ohne Unterbrechung bis zur Schwanzspitze. Breite, jedoch gut gerundete Schultern. Schenkel fast gleich lang, über mittelhoch. Einfacher kleiner Kamm, lange, schmale, rote Ohrlappen, kleine, länglich runde Kehllappen. Dunkelbraune Augen (bei Weißen und Roten rotbraun).

Farbenschläge: 1.6, 1.23, 5.1, 5.4, 5.5, 5.7, 5.6.

Besonderheiten: Empfehlenswert in wirtschaftlicher Hinsicht. Eigewicht von 35 g recht hoch für ein Zwerghuhn. Legeleistung etwa 140 Eier pro Jahr und Henne. Elegantes Huhn im Schaukäfig.

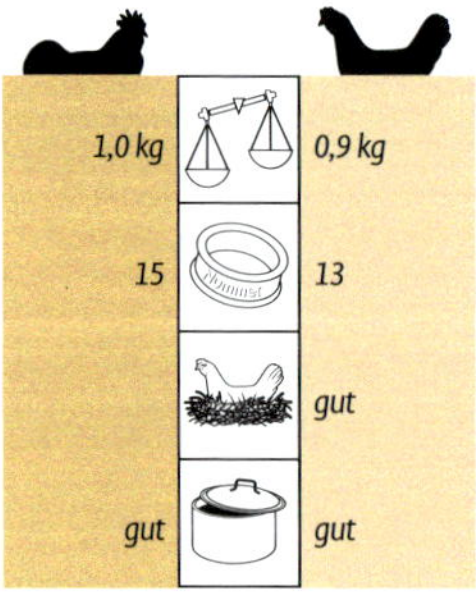

Gelb-schwarzcolumbia

Gelb-schwarzcolumbia

Deutsche Zwerg-Reichshühner

Herkunft: Beginn der Herauszüchtung 1930. Pate standen helle Zwerg-Wyandotten und klein gebliebene Hähne der großen Reichshühner, später dann auch weiße Zwerg-Italiener und weiße Plymouth Rocks.

Rassegeschichte: Erste öffentliche Vorstellung 1932 in Hamburg, dann 1935 in Leipzig. 1961 kamen Birkenfarbige und 1965 die Roten. 1970 Anerkennung der Gelb-columbia und 2003 der jüngste Farbschlag rost-rebhuhnfarbig bei Karl Dersch, Wetter/Hessen.

Form und Kopf: Lang gestreckte Körperform mit breitem, fast waagerechten Rücken und parallel laufende Unterlinie. Die Schultern sind zwar breit, sollen aber nicht hervortreten. Hahn und Henne tragen den Schwanz im stumpfen Winkel. Die Hauptsicheln dürfen nicht übermäßig in der Länge sein. Zur Unterlinie gehören die tief gehende Brust und die breite, gut entwickelte Bauchregion. Nicht zu hoch, jedoch gut freistehend. Auf dem relativ kleinen Kopf sitzt der mittelgroße, fein geperlte Rosenkamm mit schmaler werdendem Dorn. Fein im Gewebe müssen die Kehllappen sein; die Ohrlappen glatt und rot. Augenfarbe rot bis orangerot, bei birkenfarbigen Hennen auch braun.

1,0 kg		0,8 kg
15		13
		gut
gut		gut

Farbenschläge: 1.2, 2.4, 4.1, 4.5, 5.1, 5.5, 5.7, 6.4.

Besonderheiten: Zwerg-Reichshühner verkörpern recht gute Leistungseigenschaften mit beliebten Schaumerkmalen. Feinfasriges Tafelfleisch ist für Selbstversorger interessant. Leichte Aufzucht der Küken bei geeigneten Bedingungen.

Deutsche Zwerg-Sperber

Herkunft: Die Rasse existiert seit 1974. Bei P. Adam/Mülheim und Heinz Rehme/Osnabrück 10 Jahre vorher Versuche, die Großrasse mit allen Attributen und Vorzügen zu verzwergen.

Rassegeschichte: Ausgangstiere waren ein Hahn der Großrasse und Deutsche Zwerghennen. Zum ersten Mal Präsentation auf einer Schau 1968. Einkreuzung von Zwerg-Rheinländern ab 1970. Offizielle Anerkennung 1974.

Form und Kopf: Der waagerecht getragene Rumpf ist gestreckt und breit, sowohl in der Rückenpartie als auch in den Schultern. Das Schmuckgefieder des Hahnes ist am Hals vollfedrig, im Sattel gut befiedert und auf dem breiten Schwanz mit vielen Neben- und Hauptsicheln besetzt. Die Brust ist nach Art der Leistungstypen tief angesetzt, breit und gewölbt. Dem entspricht die gefüllte Bauchlinie. Kräftige, gut sichtbare Schenkel, mittellange Läufe. Die Kopfpunkte: einfacher, mittelgroßer Kamm mit gleichmäßiger Zackung. Die Fahne soll der Nackenlinie folgen. Der Kamm der Henne darf sich hinten zur Seite neigen. Die Kehllappen nicht zu groß und gut gerundet. Glatte, länglich runde, weiße Ohrscheiben. Rot bis hellbraun ist die Augenfarbe.

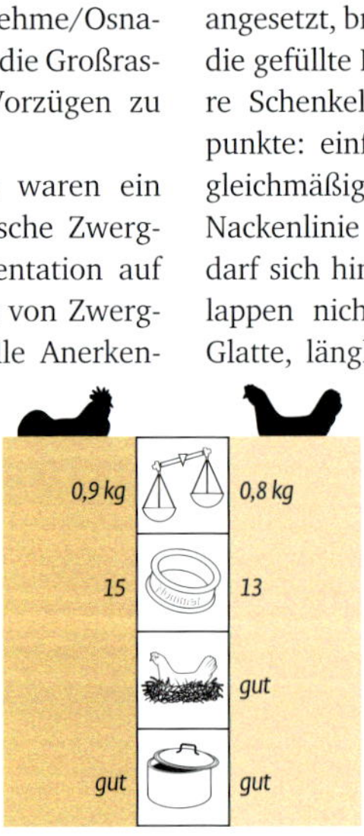

Farbenschlag: Ausschließlich gesperbert.

Besonderheiten: Die Rasse bietet gute Anreize für Züchter, die Verbesserungen vornehmen wollen. Hervorzuheben ist die Vitalität und Leistungsstärke. Raumbedarf erheblich geringer als bei der Großrasse.

Dominikaner

Herkunft: Älteste Hühnerrasse Nordamerikas. Heimatregion: Neuengland. Angebliche Stammeltern: Dorking, Italiener, Graue Schotten, Hamburger. Entstehungszeit: vor 1880.

Rassegeschichte: Durch Verwendung für die Herauszüchtung gestreifter Wyandotten entstand ein Zwischentyp, der als „Dominique-Wyandottes“ bezeichnet wurde. Die ersten Dominikaner kamen 1880 nach Deutschland. Nach 1945 nur noch geringe Restbestände. Heute gesicherte, aber schmale Zuchtbasis.

Form und Kopf: Leichter Einschlag asiatischer Rassen. Langer, walzenförmiger Rumpf, kräftige Landhuhnform mit mittelhoher Stellung. Rücken und Schultern breit. Vorgestreckte Brust- und gut gefüllte Bauchlinie. Schwanzhaltung ziemlich flach; breite und lange Besichelung des Hahnenschwanzes. Die Henne zeigt die Walzenform voller und gedrungener. Auffallend kleiner Kopf mit flacher Stirn und schmalem, niedrigen Rosenkamm, der gleich breit sein soll. Feine Perlung und kurzer gerade Dornauslauf. Kleine Kehllappen, rote Ohrlappen, orangerote Augen.

Farbenschlag: Ausschließlich gesperbert.

Besonderheiten: Geschlechtsunterscheidung beim Eintagsküken: Männliche Tiere zeigen hellen Flaum und unzusammenhängenden hellen Fleck auf dem Kopf. Weibliche Küken: dunkler im Flaum und dunklere Lauffarbe. Lebhaftes Temperament, gute Legeleistung, ausgeprägter Fleischansatz.

Goldhalsig

Silberhalsig

Dorking

Herkunft: Sicherer Nachweis sind Beschreibungen von Brisson und Gmelin 1770 und 1766. Mutmaßlich aber viel ältere, möglicherweise die älteste Haushuhnrasse. Die Beschreibungen des römischen Schriftstellers Columnella um 3 n. Chr. schildern schon die Fünfzehigkeit und den schweren Typ dorkingähnlicher Hühner in Südengland.

Rassegeschichte: Starker Einfluss der „Urdorking" auf die Herausbildung anderer Rassen: Crève Coeur, Houdan, Sundheimer, Faverolles, Italiener, Orpington, Wyandotten, Deutsche Reichshühner und Plymouth Rocks. Einfuhr nach Deutschland um 1850. Nach 1945 in Deutschland fast verschwunden.

Form und Kopf: Schweres Volumen, beachtliche Körpergröße durch Länge, Breite und Tiefe. Masthuhnartiger Ausdruck durch viel Brust und weit nach hinten ausladendem Bauch. Die vollfleischigen Schenkel sind kaum sichtbar, die Läufe kaum mittellang, sodass der Stand recht tief erscheint. Doppelte Hinterzehe: Die fünfte ist aufwärts gerichtet und deutlich von der vierten getrennt. Einfach- oder rosenkämmig, große Kehllappen, dagegen mäßig entwickelte rote Ohrlappen; orangerote Augen. Der Hahnenschwanz ist voll und breit, ziemlich hoch getragen mit breiten und langen Sicheln. Die Henne wirkt ausgesprochen kastenförmig.

Farbenschläge: 1.3, 1.4, 2., 2.1, 5.5, 6.1.

Besonderheiten: Wertvolle, alte Kulturrasse mit sehr guter Fleischnutzung und zufrieden stellender Legeleistung.

3,5–4,5 kg		2,5–3,5 kg
22		20
		normal
sehr gut		sehr gut

Goldbraun

Schwarz

Dresdner

Herkunft: Der Dresdner Züchter A. Lumpe entwickelte aus der Rasse New Hampshire und unter Verwendung von Rhodeländern und Wyandotten ab 1948 eine leistungsstarke Nutz- und Ausstellungsrasse.

Rassegeschichte: In fünfjähriger Zuchtarbeit entstanden die „Neuen Dresdner", deren Zulassung in der DDR 1955 erfolgte. In der Bundesrepublik wurde die neue Rasse bereits 1958 in den Standard aufgenommen. Zur Erzielung des schwarzen Farbenschlages wurden schwarze Plymouth Rocks, Barnevelder und Wyandotten eingekreuzt.

Form und Kopf: In der Figur müssen sich Dresdner von den sonst ähnlichen New Hampshire deutlich unterscheiden. Erstere haben mehr Rumpflänge, was sich besonders im mittellangen, ansteigenden Rücken zeigt. Allseits abgerundet sonst Form: breite und volle Brust, entsprechend die Bauchlinie. Schenkel zwar kräftig, aber wenig hervortretend; Läufe nur mittellang. Von den Wyandotten haben die Dresdner den ziemlich breit angesetzten Rosenkamm mit gesenktem Dorn geerbt. Kehllappen und rote Ohrlappen in der Größe dazu passend. Orangefarbige bis rote Augen.

Farbenschläge: 1.1, 4.11, 5.1, 5.5.

2,75–3 kg		2–2,25 kg
20		18
		sehr gut
normal		normal

Besonderheiten: Die Zahlen sprechen für sich: 211 Eier im Durchschnitt pro Henne und Jahr bei einem Futterverbrauch von nur 359 Gramm auf 100 Gramm Eimasse. Spitzenleistung: 287 Eier in einem Jahr. Als Winterleger sehr geschätzt. Breite Zuchtbasis in Europa.

Gelb mit blauem Schwanz

Gelb mit schwarzem Schwanz

Empordanesa

Herkunft: Wahrscheinlich schon zu Beginn des vorigen Jahrhunderts in Spanien vorkommend; dann um 1920 in der Region Empordà entdeckt und in Barcelona veredelt.

Rassegeschichte: 1938 kam die Restzucht in einer Geflügelfarm in Caldes de Montbul zum Erliegen. Unter den Landhühnern der Gegend konnten einzelne Tiere zur Wiedererzüchtung ab 1982 verwendet werden. In Deutschland 1992 offiziell standardmäßig zugelassen.

Form und Kopf: Die Umrisse entsprechen einer kompakten Landhuhnform mit allseits abgerundeten Grenzen. Rückenlinie leicht abfallend. Vor dem Schwanz schmaler werdender Rücken. Hahnenschwanz eher knapp befiedert. Haltung im 45-Grad-Winkel zum Rücken. Etwas geöffnete Steuerfeder und Sicheln. Unterlinie: breite, tiefe, gewölbte Brust und knappe Bauchregion (bei der Henne deutlich stärker entwickelt). Ungewöhnliche Kammbildung: Auf der Fahne sitzen beiderseits ein bis zwei Auswüchse. In der Hinteransicht kreuzartiger Abschluss (Kreuzfahne). Sonst einfache Kammzackung, bei der Henne Seitenneigung zulässig. Nicht zu große Kehllappen, rote Ohrlappen, orangerote Augen.

2,4–3 kg		1,7–3,3 kg
18		16
		normal
normal		normal

Farbenschläge: 4.7, 4,8, 4.9.

Besonderheiten: Sehr beliebte rotbraune, bisweilen auch bläuliche Eierschalenfarbe. Hohes Eigewicht: 60 bis 65 Gramm. Eine der jüngsten Rassen in Deutschland.

Silberlack

Goldlack

Eulenbarthühner

Herkunft: Schon im 17. Jahrhundert gab es in Holland Haubenhühner mit kleinem Federschopf und großen Bärten aus Federn. Daraus wurden die Uilebaarden entwickelt und um 1900 in Holland standardmäßig erfasst.

Rassegeschichte: Unter Verwendung von La Flèche und Thüringer Barthühnern konnte die Rasse vom Aussterben bewahrt werden. Im deutschen Standard seit 1979.

Form und Kopf: Ähnlich der Brabanter-Rasse, jedoch kräftiger im Rahmen. Breite Schultern, Verjüngung im Hinterkörper. Leicht hohle Rückenlinie, leichter Anstieg zum Schwanz hin. Dieser ist beim Hahn vollfedrig und wird ziemlich hoch getragen. Nur mäßig lange Schenkel und mittellange Läufe. Die Henne wirkt noch etwas tiefer stehend. Von den Brabantern unterscheiden sich Eulenbärte hauptsächlich durch die starke Federbartbildung. Ungeteilter Kinn- und Backenbart, der bis zur Kehle nach unten und bis zu den Augen nach oben reichen soll. Kehllappen und Ohrscheiben sind nicht sichtbar. Braunrote bis rote Augenfarbe. Der Kamm besteht aus zwei hornartigen Fleischzapfen, die V-förmig verlaufen müssen. Aufgeworfene Nasenlöcher sind damit genetisch gekoppelt.

Hahn		Henne
2,2–2,5 kg	[Gewicht]	1,6–1,8 kg
18	[Ring]	16
	[Legeleistung]	gut
normal	[Küche]	normal

Farbenschläge: 4.16, 5.5, 5.4, 6.1, 9.1, 9.2, 10.1, 10.2, 10.3.

Besonderheiten: Interessante Kopfpunkte mit züchterischen Anreizen. Aparte Farben- und Zeichnungsmuster. Guter Winterleger. Zwar lebhaft-flugtüchtig, aber nicht scheu.

Perlgrau mit weißen Tupfen

Gold-porzellanfarbig

Federfüßige Zwerghühner

Herkunft: Vorfahren sind dokumentiert: Columella „De re rustica" („Pulmiliones") – 60 n. Cr.; Aldrovandi „Ornithologie" – 1600; Bechstein – 1763; Pallas – um 1770. Auf einem niederländischen Gemälde sind schon 1639 hellbunte federfüßige Zwerghühner abgebildet.

Rassegeschichte: Seit Mitte des 19. Jahrhunderts kommt die Rasse in Deutschland als „Mille fleurs" (Tausend Blumen) vor. Seit etwa 1925 gibt es Blau-Porzellanfarbige, seit 1984 Zitron-Porzellanfarbige und seit 1996 Silber-Porzellanfarbige. Wiedererzüchtung der Gesperberten um 1975 bei E. Mensinger.

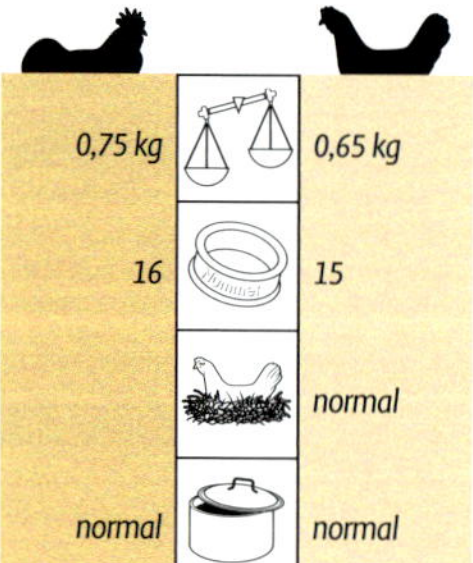

Form und Kopf: Hals-, Rücken- und Schwanzlinie bilden eine Lyraform. Die Unterlinie wird durch die vorgewölbte und doch hoch getragene Brust, den vollen, breiten Bauch und die nach unten gedrückten Flügel gebildet. Breite Schultern. Der hoch ragende, gefächerte Hahnenschwanz trägt säbelförmige Hauptsicheln und gestaffelte Nebensicheln. Namensgebende Bein- und Zehenbefiederung: Schenkelgefieder verlängert („Stulpen"), Außen- und Mittelzehe mit festen Federn besetzt, geschlossen („Latschen"). Mit und ohne Bart. Einfachkämmig, kleine Kehllappen, rote Ohrlappen.

Farbenschläge: 1.4, 1.21, 2.1, 2.4, 4.1, 4.5, 5.1, 5.2, 5.5, 6.4, 10.4, 10.5, 10.6, 10.7, 11.4, 11.5, 11.6, 11.7.

Besonderheiten: Reichhaltige Auswahl an Farbenschlägen. Die Rasse benötigt relativ viel Stallraum und gepflegten, kurz geschnittenen Rasen.

Frankfurter Zwerghühner

Herkunft: Im Frankfurter Raum entstanden, vermutlich aus Kreuzungen von Zwerg-Sundheimern, Zwerg-Wyandotten und Zwerg-Brahma.

Rassegeschichte: Kaum Einzelheiten bekannt. Zunächst in Fachpresseberichten sehr umstrittene Neuzüchtung („Simpelprodukt aus Kreuzungen gängiger Rassen" – R. Wandelt). Vom Bundeszuchtausschuss 1998 offiziell anerkannt.

Form und Kopf: Kräftiger Körperbau. Breiter, voller Rumpf in waagerechter Haltung. Die Oberlinie verläuft vom kaum mittellangen Hals über die hohlrunde Rückenlinie, über den breiten Sattel in den kurzen, aber breiten Schwanz, der beim Hahn mit vielen gebogenen, dabei etwas weichen Sicheln so besetzt ist, dass die hufeisenförmig angeordneten Steuerfedern bedeckt werden. Gut ausgeprägte Brust- und Bauchpartie. Die deutlich hervortretenden Schenkel sind bis zum Fersengelenk mit weicher, stulpenartiger Befiederung besetzt. Mittel- und Außenzehe hart befiedert in gemäßigter Länge. Keine Besonderheiten in den Kopfpunkten: Einfachkamm mit gesenkter Fahne, dazu passende, nicht zu große Kehllappen und rote Ohrlappen. Augenfarbe: Orangerot.

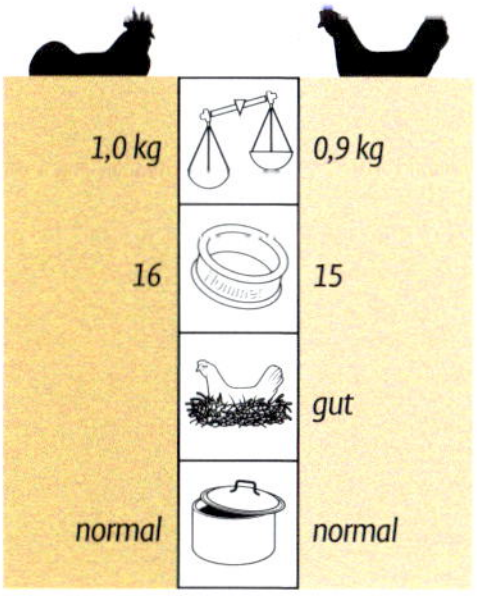

Farbenschlag: Ausschließlich Weiß-schwarzcolumbia (Hell).

Besonderheiten: Eine der jüngsten deutschen Rassen. Bisher wenig Verbreitung. Kaum Profilierung gegenüber anderen ähnlichen Rassen. Recht gute Legetätigkeit aufgrund des Heterosiseffektes.

Gelb-weiß geflockt

Gelb-weiß geflockt

Friesenhühner

Herkunft: Nach Prof. van Giffen stammen die gesprenkelten und geflockten Hühnerschläge aus fränkischer Zeit. In die Niederlande sollen sie mit friesischen Volksstämmen gekommen sein. Als selbstständige Rasse sind friesische Hühner von R. Houwnik schon um 1880 beschrieben. In den Orten Appelschau, Makkinge, Oldeberkopp und Oberjissel fand er „goldgedrillte“ (Drill = Zeichnungsmuster, Design des grob gewebten Tuches) Hühner vor mit dem Grundmuster der heutigen gelb-weiß geflockten Friesenhühner.

Rassegeschichte: Nach 1945 gab es in Deutschland nur wenige Friesenhühner.

Form und Kopf: Breite Schultern mit nach hinten schmaler werdender Rückenpartie. Hahn und Henne tragen die Schwanzfedern gefächert und so hoch, dass in der Sattelgegend ein deutlicher Winkel entstehet. Leicht gesenkte Flügel sind zulässig. Schenkel zwar sichtbar, aber nur knapp mittellang. Die etwas vollere Bauchpartie kennzeichnet die Hennenfigur. Relativ kleiner Einfachkamm beim Hahn mit ansteigender Fahne. Leicht umliegende Kammfahne bei der Henne gestattet. Reinweiße, kleine Ohrscheiben, kurze Kehllappen, dunkelorangerote Augenfarbe.

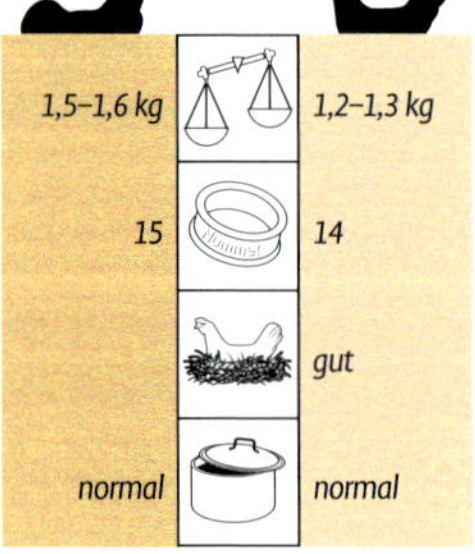

Farbenschläge: 8.1, 8.3, 8.5, 8.6, 8.8.

Besonderheiten: Attraktives Farb- und Zeichnungsmuster, temperamentvolle Beweglichkeit, Wetterunempfindlichkeit, beachtliche Legeleistung. Da die Rasse gut fliegt, sind höhere Zäune erforderlich.

Silberlack

Silberlack

Hamburger

Herkunft: Nachkommen der Sprenkelhühner von der Nordseeküste. Erste Abbildung von 1740 des Engländers Albin mit dem Text „Hamburghs". Auch sollen getüpfelte und gebänderte Hühner der Paduaner-Urrasse und englische Mooney-Hühner zu den Ahnen gehören.

Rassegeschichte: Mitte des 18. Jahrhunderts als „Samthosenhühner" aus Hamburg nach England eingeführt. Zunächst Albinos, Bolton, Chittiprats, Campiner, Creels, Kreolen, Hoograster, Corals, Fasan-, Gold-, Silber-, Mond- und Mooshühner genannt.

Form und Kopf: Bei dieser Rasse sind Eleganz, Feinlinigkeit, edler Ausdruck im Kopf und relativ kräftige Landhuhnform vereinigt. Rumpf lang gestreckt und leicht abfallend. Hoch getragene Brust, fest anliegende Flügel. Volle, lange Besichelung des Hahnenschwanzes. Fließender Übergang zum Rücken. Körperhaltung der Henne: fast waagerecht, etwas hervortretender Bauch. Auch sie zeigt leicht gebogene Steuer- und Schwanzfedern. Schlanke Schenkel, mittellange, feinknochige Läufe. Die Kopfpunkte wirken durch den fest und gerade aufsitzenden Rosenkamm mit dem nach hinten allmählich schmaler werdenden runden Dorn, die möglichst kreisrunden, weißen Ohrscheiben und den feinen Kehllappen. Augenfarbe dunkel- bis braunrot, bei Silberlack dunkelbraun.

Hahn		Henne
1,5–2,5 kg		1–2 kg
16		15
		sehr gut
normal		normal

Farbenschläge: 5.1, 5.4, 5.5, 9.1, 9.2, 10.1, 10.2.

Besonderheiten: Die gold- und silbersprenkelfarbigen Hähne sind auch hennenfiedrig anerkannt.

Weiß

Schwarz

Holländer Haubenhühner

Herkunft: Vorläufer der heutigen Holländischen Haubenhühner auf einem Gemälde von J. Monkhorst schon 1657. Ende des 18. und Anfang des 19. Jahrhunderts bei J. M. Bechstein und D. J. Temminck.

Rassegeschichte: Unklar ist die Verbindung zwischen dieser Rasse und den von Dürigen 1921 erwähnten japanischen hörnerkämmigen Halbhaubenhühnern, die 1885 nach Deutschland gelangten, den Hauben tragenden „Polski"-Hühnern aus Russland und den holländischen Haubenhühnern.

Form und Kopf: Hauptrassemerkmal ist die gleichmäßig geformte Rundhaube, die beim Hahn durch die schmalen und spitzen und bei der Henne durch die breiten, kurzen und mehr abgerundeten Haubenfedern gebildet werden. Der Kamm fehlt völlig, die Kehllappen sind höchstens mittellang. Auf den weißen Ohrscheiben sind rötliche Einlagerungen gestattet. Augenfarbe: rot bis braun. Über dem Schnabel aufgetriebene Nasenlöcher. Die Körperform: breite Schultern, nach hinten leicht abfallende Rückenlinie; etwas vorgewölbte Brust- und füllige Bauchlinie. Offene Schwanzhaltung bei Hahn und Henne; breite, gut gebogene Sicheln beim Hahn. Schwanzhaltung nicht zu steil. Mittelhoher Stand.

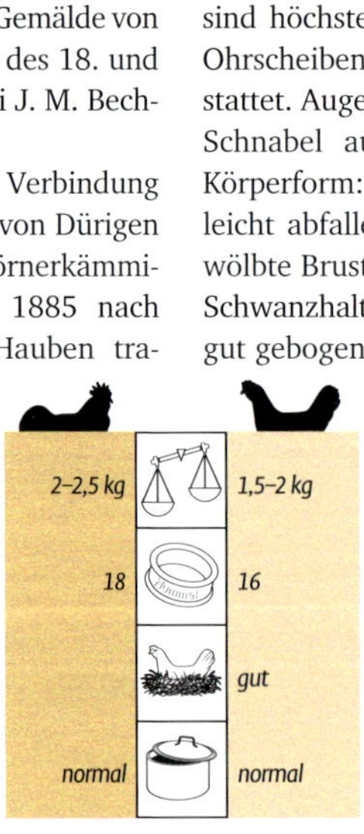

Farbenschläge: 5.1, 5.4, 5.5, 6.1, 10.7, Schwarzhauben, weiß.

Besonderheiten: Der Haubenfaktor vererbt dominant. Die Rasse bedarf besonderer Pflege bei der Aufzucht und zur Vorbereitung für Schauen hinsichtlich der Haubenstruktur.

Goldhalsig

Silberhalsig

Holländische Zwerghühner

Herkunft: Vorkommen in Holland schon in der Mitte des 18. Jahrhunderts. Ob die Rasse durch die Verpaarung von Altenglischen Zwerg-Kämpfern und Chabos entstanden ist, wie van Pieterson vermutet, ist eher unwahrscheinlich. Wandelt nimmt an, dass aber beide Rassen bei der Herauszüchtung Verwendung fanden.

Rassegeschichte: Erste Abbildung 1856 in England. Seit 1882 ist die Rasse eigenständig. Anerkennung in Holland 1906. Einfuhr nach Deutschland 1961 durch K. H. Collatz.

Form und Kopf: Bei waagerechter Körperhaltung aufgerichtetes Profil. Weit nach vorne durchgedrückte Brust; kurze, hohle Rückenlinie. Hoch getragene Schwanzpartie. Beim Hahn lange, gefächerte Steuerfedern und volle Sichelbefiederung. Der Bauch ist bei der Henne ausgefüllter. Die relativ großen Flügel werden abwärts gerichtet getragen. Ihre Spitzen verdecken die Bauchlinie. Der Stand ist recht tief durch kurze Schenkel und knapp mittellange Läufe. Kleine, stehende Einfachkämme mit leicht aufwärts gerichteter Fahne. Orange- bis braunrote Augen.

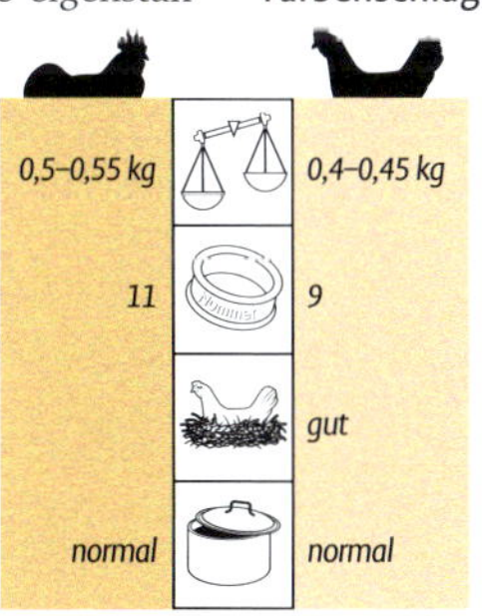

Farbenschläge: 1.4, 1.12, 1.14, 1.21, 2.1, 2.8, 3.3, 3.7, 4.5, 4.13, 4.15, 5.1, 5.2, 5.3, 5.5, 6.1, 6.6, 10.7.

Besonderheiten: Weit verbreitete Rasse; beliebt aufgrund ihres „puppigen“ Aussehens und ihres „niedlichen“ Verhaltens. Benötigt nicht viel Raum. Trotz der Kleinheit erstaunliche Legeleistung. Frohwüchsige Küken.

Schwarz-weiß gescheckt

Schwarz-weiß gescheckt

Houdan

Herkunft: Benannt nach der französischen Stadt Houdan. Dort vor 1850 erzüchtet.

Rassegeschichte: Ausgangsrassen waren Brabanter, Crève-Coeur, Caumont, Gournay, Mentes, La Bresse, La Flèche, Le Mans, Caux, Merleaux und später auch Dorking, Brahma und Holländer Weißhauben. Um 1870 gelangten die ersten Houdan nach Deutschland. Nach 1945 gab es in Deutschland nur noch Restbestände. Importe aus Frankreich.

Form und Kopf: Durch die gestreckte, breite und tiefe Walzenform des Rumpfes stattlich erscheinendes Landhuhn. Volle Bauchpartie. Fast waagerechte Haltung. Federreich sind Sattel und Schwanz beim Hahn. Hohe, aber nicht steile Haltung des Schwanzes. Eher tiefer, aber breiter Stand. Fünf Zehen, wobei die beiden Hinterzehen gut getrennt sein sollen. Henne: breit angesetzter Schwanz, breite und tiefe Brust- und Bauchregion. Auf der kugelförmigen Erhöhung des Schädels sitzt die mittelgroße dichtfedrige Haube, die die Augen freilassen muss. Kleine, vom Bart verdeckte Kehllappen. Kleine Ohrscheiben. Kamm: zwei nebeneinander liegende fleischige Blätter mit mäßig großen Einzackungen und flach ausgehöhlt. Augenfarbe rotgelb. Schnabel mit aufgeworfenen Nasenlöchern.

2,5–3,5 kg	2–3 kg
20	18
	sehr gut
sehr gut	sehr gut

Farbenschläge: 5.2, 5.5, 6.1, 10.7.

Besonderheiten: Interessante Kombination von Kopfbefiederung (Haube, Bart), Kammbildung und Fünfzehigkeit. Hervorragende Leistungsmerkmale durch sehr gute Mastfähigkeit.

Rotweiß

Rotweiß

Indische Kämpfer

Herkunft: Zu den Vorfahren zählen die asiatischen Asil-Kampfhühner. Aus den Kreuzungen mit englischen Kämpfern gingen dann Ende des 18. Jahrhunderts die „Injees“ in den Grafschaften Cornwall, Devon und Somerset hervor.

Rassegeschichte: Nach 1880 Durchzüchtung in den Familien D. Brent, Dr. Goodall, H. S. Hassall und G. Joyce. Später sollen weiße Malaien, gelbe Cochin und Shamos eingekreuzt worden sein. Hervorragende Zuchtverwendung bei der Herausbildung hochleistungsfähiger Masttypen (White Cornish, osteuropäische Broiler).

Form und Kopf: Sehr breit abstehende Schultern, stark muskelbepackt, flach getragener Rumpf mit mäßig langem Hals und kurzem Behang. Rücken breit und flach. Kurze, hoch getragene Flügel, stellenweise unbefiedert („Rosen“). Sehr knapper Sattelbehang und ziemlich kurzer, geschlossener Schwanz beim Hahn. Breite, seitlich abgerundete Brust; eiförmig hoch gezogener Bauch. Mittellange, weit auseinander stehende Schenkel, fast kurze Läufe, dick und rund. Kleiner, breiter, dreireihiger Erbsenkamm, Kehl- und Ohrlappen klein. Perlfarbige bis hellgelbe, bei Jungtieren orangegelb gestattete Augenfarbe. Starker, kräftig gebogener Schnabel.

3,5–4,5 kg		2–3 kg
27		20
		sehr gut
sehr gut		sehr gut

Farbenschläge: 5.5, 5.6, 7.13, 7.14, 7.15.

Besonderheiten: Zur Zucht nicht zu kurzbeinige und schwere Hähne einsetzen, da sonst die Befruchtung leidet. Zur Aufzucht ist kalkhaltiges Futter erforderlich.

Blau-fasanenbraun

Fasanenbraun

Indische Zwerg-Kämpfer

Herkunft: In England bei W. F. Entwisle um 1880 herausgezüchtet. Ausgangstiere waren die großen Indischen Kämpfer, Zwerg-Malaien und Englische Zwerg-Kämpfer.

Rassegeschichte: Die ersten „Zwerg-Inder" könnten auch auf Kleinheit gezüchtete Asil gewesen sein (W. Detering). Ende des 19. Jahrhunderts entstehen neben der „Stammfarbe" Fasanenbraune die Rotweißen, genannt „Jubilee" (nach dem Feiertagsdatum in der Biografie der Queen Victoria).

Form und Kopf: Der Inder-Typ entsteht durch den kurzen und breiten Rumpf, den flachen Rücken mit deutlicher „Verjüngung" nach hinten, den mächtig hervortretenden Schultern und der enormen Brustbreite. Die Befiederung ist überall hart und drahtig. Daher ist auch der Hahnenschwanz kurz mit schmalen, knappen Sicheln. Bei beiden Geschlechtern sind die Steuerfedern dachförmig angeordnet. Tiefer Stand durch mittellange, kräftige und hervortretende Schenkel und eher kurze, dicke und runde Läufe. Auf dem breiten, kurzen, stark gewölbten Kopf sitzt der kleine, dreireihige Erbsenkamm ohne Verlängerung nach hinten. Kehl- und Ohrlappen sind nur sehr klein. Perlfarbig bis hellgelb ist die Augenfarbe. Starker, kräftiger gebogener Schnabel.

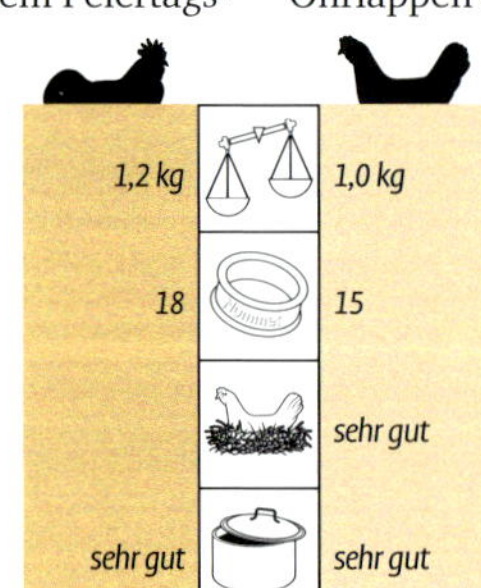

Farbenschläge: 5.5, 7.13, 7.14, 7.15.

Besonderheiten: Die Rasse ist ungewöhnlich robust und vital. Unter den Zwergkämpfern die beste Legeleistung. Aufgrund des starken Fleischansatzes hoher Ertrag.

Kernfarbig

Schwarz-weiß gescheckt

Italiener

Herkunft: Ursprüngliche Landhühner in Italien (Lombardei). Vermutlich gelangten diese schon durch die Römer an den Rhein.

Rassegeschichte: Einfuhr nach Österreich, Schweiz und Süddeutschland schon um 1800. Der Züricher Händler Rumpf führte dann 1870 „Italiener" nach Deutschland ein.

Form und Kopf: Kräftige Eleganz, gestreckte, nach hinten ausladende Form mit breiten Schultern und waagerecht getragenem Rumpf. Fließende Oberlinie und vorgewölbte Brust. Sattellinie leicht ansteigend in den voll befiederten Hahnenschwanz bzw. in den breit angesetzten Schwanz der Henne. Gut entwickelter, ausladender Bauch. Kräftige, hervortretende Schenkel und mittellange, feinknochige Läufe.

2,25–3 kg		1,75–2,5 kg
18		16
		sehr gut
gut		gut

Fest anliegendes, volles Gefieder. Die Kopfpunkte: Hahnenkamm stehend mit 4 bis 5 Zacken. Fahne der Nackenlinie folgend, ohne aufzuliegen. Der Hennenkamm steht vorne aufrecht und neigt sich im hinteren Teil zur Seite, ohne das Auge zu verdecken. Rosenkämmige tragen den fein geperlten, fest aufgesetzten, nach hinten sich verjüngenden Kamm mit mittellangem, gesenkten Dorn. Mittellange, dünne Kehllappen, ovale, glatt anliegende weiße Ohrscheiben. Große, rote Augen.

Farbenschläge: 1.1, 1.4, 1.20, 1.22, 1.5, 2.2, 3.4, 3.5, 4.1, 5.1, 5.3, 5.5, 5.6, 5.7, 6.4, 6.6, 7.4, 7.5, 7.6, 10.4, 10.8, 11.4. Alle Farbenschläge mit Einfach- oder Rosenkamm.

Besonderheiten: Ideale, weit verbreitete Leistungs- und Ausstellungsrasse.

Schwarz

Blau gesäumt

Jersey Giants

Herkunft: Der Rassename ist 1915 in der Zucht von Dexter P. Uham im Staate New Jersey/USA entstanden. Zunächst wurden schwarze Riesenhühner 1922 in den Standard dort offiziell aufgenommen.

Rassegeschichte: Die Ausgangstiere waren schwarze Java, dunkle Brahma, schwarze Croad-Langschan und später auch Indische Kämpfer. Schon 1921 sollen Jersey Giants nach England gelangt sein. Etwa drei Jahre später waren diese Riesenhühner in den Niederlanden. Nach der deutschen Anerkennung gibt es seit 1987 den deutschen Sonderverein. Der blau gesäumte Farbenschlag kam aus England, ist seit 1982 in Holland und im deutschen Standard seit 1988. Die Weißen sind seit 1994 in Deutschland offiziell anerkannt.

4,5–5,5 kg		3,6–4,5 kg
24		22
		gut
gut		gut

Form und Kopf: Langer und tiefer Körperbau in waagerechter Haltung gehört zum Riesentyp genauso dazu wie ein langer, breiter Rücken, breite Schultern, breite, tiefe und volle Brust, voll entwickelte Bauchpartie und kräftige, mittellange Schenkel. Der Hahnenschwanz ist nicht sehr lang besichelt, soll aber seitlich die Steuerfedern gut abdecken. Die Kopfpunkte sind einfach: gezackter Kamm mit der Fahne, die der Nackenlinie folgt. Mittelgroße Kehllappen, zarte, rote Ohrlappen und dunkelbraune Augen.

Farbenschläge: 5.1, 5.4, 5.5.

Besonderheiten: Als Fleisch-Legehuhn ausgezeichnete Rasse zur Selbstversorgung. Ruhiges Temperament, hohe Vitalität. Die Rasse benötigt relativ viel Stall- und Scharrraum.

Kastilianer

Herkunft: Die Rasse ist in Spanien nach W. Denningdorf schon im Jahre 800 nachgewiesen. Außer Schwarzen soll es auch Weiße und Graublaue gegeben haben. Die Mauren im Süden des Landes züchteten die Castella negra als konstante Rasse.

Rassegeschichte: Die Rasse gilt als Stammform der Minorka, Spanier und Andalusier. Ob es sich bei den „großen schwarzen Hühnern mit den weißen Ohrlappen“, die Columella in seinem Werk „De re rustica“ um die Zeitenwende beschrieb, um Kastilianer gehandelt hat, ist nicht sicher. Erst 1955 gelangte die stolze Rasse durch H. Zielke über Bruteierimporte von Mallorca nach Deutschland.

Form und Kopf: Der Rumpf wirkt gedrungen, walzenförmig. Der Rücken breit und in der Linie leicht abfallend. Gute Befiederung am Sattel und volle Besichelung am Hahnenschwanz, im rechten Winkel getragen. Die Walzenform der Henne ist „vollschlank“. Der einfache Hahnenkamm mit 5 bis 7 Zacken steht aufrecht und steht in der Fahne etwas vom Nacken ab. Der Kamm der Henne steht vorne aufrecht und neigt sich nach der Seite. Mittellange Kehllappen, weiße, ovale Ohrscheiben und rehbraune Augen. Freie Schenkel und mittellange Läufe.

2,0–2,5 kg		1,75–2,0 kg
18		16
		normal
normal		normal

Farbenschlag: Ausschließlich schwarz mit grünem Glanz.

Besonderheiten: Das Eigewicht beträgt meist mehr als 60 Gramm. Die Züchter schätzen Frühreife und Zutraulichkeit. Im Schaukäfig wirkungsvoll im Grünlack.

Silberhalsig

Silberhalsig

Kaulhühner

Herkunft: Aus nordwesteuropäischen Landhuhnschlägen hat sich diese Rasse in einer schwanzlosen Varietät entwickelt. Kaulhuhn bedeutet so viel wie „Kugelhuhn", eine Umschreibung der allseits gerundeten Körperform.

Rassegeschichte: Schwanzlose Hühner werden schon von dem Bologneser Gelehrten Aldrovandi in seinem Buch „Ornithologica" als „Persische Hühner" beschrieben. Bei C. v. Linné „Gallus persicus". Verbreitung in Oberlausitz, Sachsen und Thüringen um 1900.

Form und Kopf: Der Rumpf ist walzenförmig und allseits abgerundet. Waagerechte Haltung. Breite Schultern, zum Rücken hin schmaler werdend. Voller Sattelbehang. Breite, tiefe und volle Brust. Die Flügel sollen mit dem Körperende abschließen. Feinknochige Läufe und kurze Schenkel. Gleichmäßig gezackter mittelgroßer Kamm, der bei der Henne nach hinten leicht geneigt sein darf. Auch tragen manche Hennen zulässigerweise einen Wickelkamm und leichte Federschopfbildung, Runde, weiße Ohrscheiben und nur mittelgroße Kehllappen. Dunkelrote bis dunkelbraune Augenfarbe.

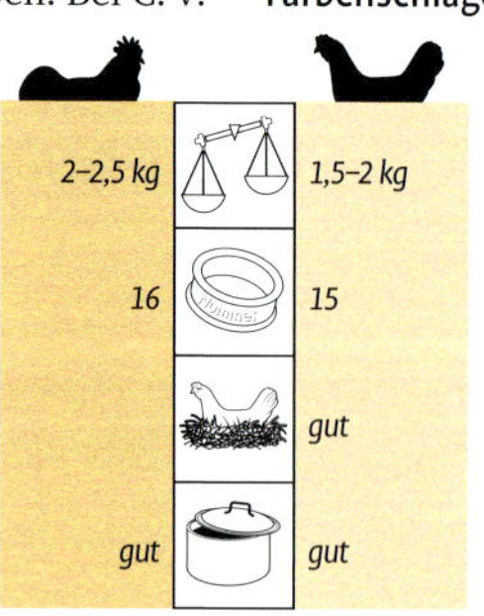

Farbenschläge: 1.4, 2.1, 3.3, diese Farbenschläge auch mit Mehrfachsäumung; 1, 1.12, 1.14, 1.21, 2,8, 5.1, 5.2, 5.5, 5.6, 6.1, 8.1, 8.3, 8.6, 9.1, 9.2, 10.7, 10.1, 10.2, 11.4.

Besonderheiten: Kaulschwänzigkeit kann prinzipiell als Verlustmutation bei allen Rassen vorkommen. Ihre Frühreife und Leistungsfähigkeit machen sie beliebt.

Koeyoshi

Herkunft: Nördliches Japan ist Heimatgebiet. Vermutlich ist die Rasse aus kämpferartigen Vorläufern entstanden und auch mit Shamo und Tomaru gekreuzt worden.

Rassegeschichte: Größere Bestände haben sich in den japanischen Regionen Aomori, Akita und Twate entwickelt. Einfuhr dieser Rasse nach Deutschland durch W. Vits 1993.

Form und Kopf: Kämpferartiges Aussehen. Kräftiger Rumpf in gestreckter, aufgerichteter Haltung. Relativ langer Hals, breite und flache Rückenlinie, breite Schultern. Der lange Hahnenschwanz wird zum Rücken hin nur wenig angehoben. Breite und gerundete Brust mit stellenweise sichtbarem Brustbein. Lange, kräftige Schenkel und starkknochige Läufe. Die Henne steht weniger abfallend. Ihr Schwanzgefieder ist in sich gewölbt, dachförmig nach unten geöffnet und wird ziemlich flach getragen. Dreireihiger Erbsenkamm mit leichtem Anstieg am Ende. Kleine Kehllappen, lange faltige, rote Ohrlappen mit leichten Weißeinlagerungen. Überstehende Augenbrauenwülste, große, perlfarbige bis hellorangefarbige Augen.

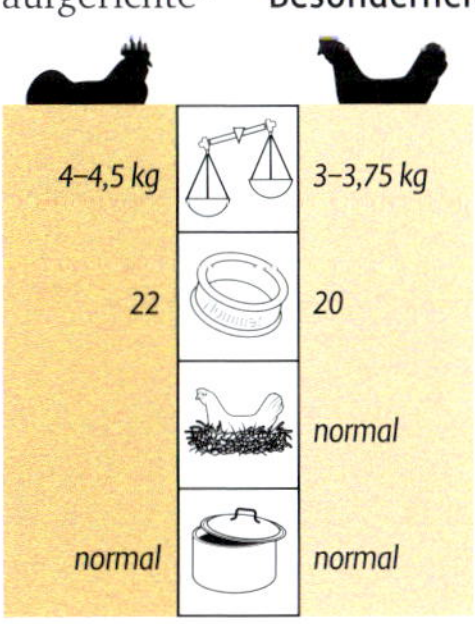

Farbenschlag: Ausschließlich silberwildfarbig.

Besonderheiten: Der Name besagt so viel wie „gute, lange Stimme". Die Bewertung der Stimme bezieht sich nicht nur auf die Ruflänge, sondern schließt Stimmvolumen, Intonationsverlauf, Rufbeginn und -abschluss ein. Der Ruf ist unerwartet leise und wird in sehr tiefer Tonlage vorgetragen. Trotz des „Kämpferblutes" sind Koeyoshi erstaunlich friedlich.

Weiß

Gold-weizenfarbig

Ko Shamo

Herkunft: In Deutschland trug die Rasse zunächst die Bezeichnung Ko Gunkei, Heimat Japan. Nach W. van Balekom, Eindhoven, sollen schon um 880 n. Chr. zwergenhafte Kämpfer am kaiserlichen Hof gehalten worden sein.

Rassegeschichte: Sicheres Vorkommen in Japan seit 1933 unter den Bezeichnungen Ko Shamo, Nankin Shamo und Chibi. Seit 1841 sind in Japan Ko Shamo geschützt. Leider starke Unklarheiten im deutschen offiziellen Zucht- und Ausstellungswesen. Daher leider Vermischungen mit anderen kleinen Kämpferrassen.

Form und Kopf: Der Rumpf wirkt in der Front ungewöhnlich breit durch die hervorstehenden Schultergelenke. Haltung hoch aufgerichtet und abfallend. Mittellanger Rücken, zum Sattel hin schmaler werdend. Breite Brust, gut abgerundet, wenig Bauchentwicklung. Langer, leicht gebogener Hals mit sehr knapper Befiederung. Halsmitte am stärksten, zu den Schultern hin schmaler. Ungewöhnlich großer Kopf mit breitem Walnusskamm, sehr kleine Kehllappen; ausgeprägte Kehlwamme, gut entwickelte rote Ohrlappen. Große, perlfarbige Augen; kurzer, gebogener Schnabel. Über den Augen nach hinten offene Wülste. Muskulöse, gut mittelhohe Schenkel und Läufe. Kantige Schuppenbildung. Flügel in der Mitte etwas offen.

Farbenschläge: 1.8, 1.12, 1.26, 3.7, 5.1, 5.3, 6.1, gelb mit schwarzem Schwanz.

Besonderheiten: Interessantes Verhalten in urwüchsiger Manier.

Hahn		Henne
0,8–1,0	Gewicht	0,6–0,8 kg
13	Ring	11
	Brut	normal
normal	Küche	normal

Goldhalsig

Silberhalsig

Kraienköppe

Herkunft: Um 1855 aus Verpaarungen von Landhühnern, Belgischen Kämpfern und Malaien im deutsch-niederländischen Grenzbereich um Enschede und Bentheim zu Kampfsportzwecken herausgezüchtet. Erste Bezeichnung: „Biethauner“ (Beißhühner).
Rassegeschichte: Zunächst gab es nur den silberhalsigen Farbschlag als „Twentse Grijzen“ (Graue von Twenten). Der Rassename kann verwechselt werden mit den „Kraaikoppen“ für die Breda-Rasse in den Niederlanden. Herauszüchter: Die Gebrüder Lazonder, Enschede. 1984 erste Ausstellungstiere. Nach 1900 in Deutschland gute Verbreitung in Westfalen und Hannover.
Form und Kopf: Nach Kämpferart tragen Kraienköppe den Rumpf mit den breiten Schultern etwas aufgerichtet. Gute Bemuskelung an der Brust. Lange und völlig gerade Rückenlinie. Volle Besichelung des Hahnenschwanzes mit stumpfem Winkel zum Rücken. Besonders bei der Henne erscheint die Bauchpartie voll. Ihre Haltung ist flacher. Kräftige, hervortretende Schenkel und mittelhohe Läufe. Schmaler Wulstkamm, dazu passende Kehl- und Ohrlappen. Der Schnabel ist kämpferartig kurz, stark und etwas nach unten gebogen. Verstärkte Bögen über den gelbroten bis roten Augen.

2,5–3,0 kg	1,765–2,5 kg
20	18
	gut
gut	gut

Farbenschläge: 1.4, 2.1.
Besonderheiten: Kämpfertemperament, Robustheit und gute Wirtschaftlichkeit sind in dieser Rasse vereint. Rentable Frühreife, gute Winterlegetätigkeit und Mästbarkeit sind die weiteren Pluspunkte.

Schwarz

Rebhuhnfarbig

Krüper

Herkunft: Kurzbeinige Hühner durch Mutation sind schon seit dem Mittelalter bekannt (G. Longolius). In einer chinesischen Enzyklopädie werden 1596 krüperähnliche Hühner als „Hüpfer" oder „Kriecher" bezeichnet. Bei Gessner (um 1600), Aldrovandi, J. L. Frisch und C. v. Linné sind kurzbeinige Hühner bekannt. Buffon schildert Krüpertypen, die durch Spanier von Kambodscha auf die Philippinen gebracht worden seien.

Rassegeschichte: In Deutschland seit 1871. Zur gleichen Zeit gab es in Dänemark Bauernhühner, als „Ludehöns" bezeichnet, die einen watschelnden Gang gehabt haben sollen. Die Bezeichnung Krüper wird in Deutschland um 1850 erstmals verwendet.

Form und Kopf: Die verkürzten Beinknochen ergeben den niedrigen Stand. Rumpf lang gestreckt, Walzenform. Tief heruntergehende Brustlinie, voller Bauch, besonders in der Hennenfigur. Reich besichelter Hahnenschwanz, im stumpfen Winkel getragen. Einfachkamm mit 4 bis 6 regelmäßigen Zacken, freistehende Fahne. Umliegender Kamm bei der Henne zulässig. Mittellange Kehllappen, weiße, mandelförmige Ohrscheiben, rote bis dunkelbraune Augenfarbe. Die Läufe beim Hahn sollen nicht höher als 8 cm, bei der Henne geschlechtsbedingt noch etwas kürzer sein.

1,75–2,25 kg		1,5–2 kg
18		16
		normal
normal		normal

Farbenschläge: 1.1, 5.1, 5.5, 6.1, 7.18, 7.19.

Besonderheiten: Es handelt sich bei den Krüperanlagen um (Cp – dp) eine Verkürzung und Verdickung beider Läufe, die dominant vererbt.

Schwarz

Gesperbert

La Flèche

Herkunft: Die Ausgangsrassen sollen bis ins 15. Jahrhundert zurückdatiert werden können. Im Herkunftsort La Flèche im französischen Departement Sarthe wurde die Rasse systematisch erst im 17. Jahrhundert gezüchtet. Zu den Ahnen zählen die Polveras, Dorkings und Nordfranzösische Kämpfer.

Rassegeschichte: Um 1850 führte Dr. Lax, Hildesheim, die ersten La Flèche nach Deutschland ein. Nach 1945 in Deutschland fast ausgestorben. Unter Verwendung des Augsburger Huhnes ab 1949 wieder erzüchtet. 1953 Gründung des Sondervereins.

Form und Kopf: Der Kamm wird aus zwei gleich langen, walzenförmigen Hörnern gebildet, deren Spitzen abgerundet sind und senkrecht stehen. Länge beim Hahn: 2 bis 3 cm, bei der Henne 1 bis 2 cm. Hinter dem Kamm sitzt ein kleiner Schopf aus wenigen schmalen Federn. Die Nasenlöcher sind etwas aufgeweitet. Auf dem Schnabelrücken sitzt ein hufeisenförmiger Quersattel mit einer kleinen Fleischwarze. Augenfarbe: rotgelb. Im Gesamteindruck sind La Flèche hoch gestellt mit gestrecktem Körperbau. Reichliche Halslänge, breiter, leicht abfallender Rücken, kräftige Schultern und lange, hoch getragene Flügel. Brust- und Bauchpartie breit, gewölbt bzw. voll und breit.

Farbenschläge: 5.1, 5.2, 5.4, 5.5, 6.1.

Besonderheiten: Im mittelschweren Typ verkörpern La Flèche eine Leistungs- und Schaurasse zugleich. Die Eischalenfarbe spielt zuweilen in die Rosafarbe.

Lakenfelder

Herkunft: Zwei Entstehungsregionen werden überliefert: Im holländischen Lakervelt, südlich von Utrecht einerseits und andererseits in der Nähe des Dümmer Sees in Westfalen soll diese Rasse aus Totlegern, Campinern und aus den belgischen Zottegems entstanden sein.
Rassegeschichte: In Westfalen gab es schon 1835 Hühner mit weißer Grundfarbe und schwarzen Hälsen und Schwänzen. Mit den neuen Leistungsrassen konnten die Lakenfelder zunächst nicht konkurrieren. Die Gründung des deutschen Sondervereins 1967 brachte aber die Rasse gut voran.
Form und Kopf: Geräumig und gestreckt ist der Rumpf. Die Haltung waagerecht, Brust und Bauch voll gut entwickelt. Rücken und Schultern breit. Auch genügende Breite im Schwanzansatz, der beim Hahn aus breiten Steuer- und Sichelfedern besteht. Die Henne hält den Rumpf fast waagerecht; sie zeigt besonders volle Brust- und Bauchpartie. Der Stand wirkt nicht hoch, die Schenkel sind wenig sichtbar. Mittelhoher Stehkamm bei Hahn und Henne, der hier leicht geneigt sein darf. Kleine, ovale weiße Ohrscheiben und nur mittellange Kehllappen. Augenfarbe braunrot.
Farbenschlag: Ausschließlich weißes Rumpfgefieder und Kopf, Halsbehang und Schwanz tiefsamtschwarz.
Besonderheiten: Interessantes, kontrastreiches Farb- und Zeichnungsbild. Gehört zu den förderungswürdigen Rassen, da die Bestände bedroht sind.

1,75–2,25 kg		1,5–2,0 kg
18		16
		gut
gut		gut

Leghorn

Herkunft: Gesichert ist die italienische Stadt Livorno (engl. Leghorn) als Heimat. Von dort um 1830 in die USA.

Rassegeschichte: Schon 1853 wird die ungewöhnlich hohe Legeleistung beschrieben. Um 1870 Einfuhr nach England. Durch Verpaarung mit Minorkas wurden höhere Schlachtgewichte erzielt. In Deutschland kannte man die „eleganten Weißen“ zwar schon vor dem Ersten Weltkrieg, ihre Verbreitung gelang aber erst nach 1918. Eigentliche Aufwärtsentwicklung kam erst nach 1945 durch die Gründung des Sondervereins und der Orientierung am amerikanischen „Standard of Perfection“.

Form und Kopf: Die Gestalt wird durch fließende Linien gebildet. Dazu gehört die über dem Sattel ansteigende Rückenlinie bis in den breit gefächerten, hoch getragenen Schwanz des Hahnes. Harmonisch ausgerundete Unterlinie mit voller Brust- und Bauchpartie. Reiche Befiederung des Hahnenschwanzes. Betonte, kräftige Schultern. Mittellange Schenkel und feinknochige Läufe. Deutliche Unterscheidung zum Italiener-Kamm: relativ kleiner Stehkamm, Fahne leicht aufwärts gerichtet. Nicht zu lange Kehllappen, mittelgroße, emailleweiße bis cremefarbige Ohrscheiben. Rote Augenfarbe.

Hahn		Henne
2,0–2,7 kg		1,7–2,2 kg
18		16
		sehr gut
normal		normal

Farbenschlag: Ausschließlich reinweiß.

Besonderheiten: Legeleistung im ersten Jahr durchschnittlich 200 Eier pro Henne. Im Verhältnis zum Futterverbrauch ist auch das Eigewicht (60 g) beachtlich.

Birkenfarbig

Blaurot

Lütticher Kämpfer

Herkunft: Heimatland ist Belgien. Ende des 19. Jahrhunderts aus Kampfhühnern der Flamen und Wallonen erzüchtet. In der Provinz Lüttich entstanden aus Brügger Kämpfern und Malaien höher stehende Kämpfer mit stärkeren Knochen.

Rassegeschichte: Ab 1923 wurden die Lütticher zusammen mit den Brüggern in einer gemeinsamen Schauklasse geführt. Ab 1975 werden die beiden Rassen getrennt aufgeführt.

Form und Kopf: Lütticher sind im Unterschied zu den Brüggern im Rumpf mehr gestreckt und schlanker in den Halslinien. Der Rücken länger mit schräg abfallender Linie. Kaum ausgeprägte Bauchregion. Lange, hervortretende Schenkel, starkknochige Läufe, möglichst mit Doppelsporen. Der Hahnenschwanz ist ziemlich lang, gut besichelt und wird etwas offen getragen. Leichter Winkel zum Rücken. Die Henne ist in der Körperhaltung flacher. Auch bei ihr deutliche Sporen erwünscht. Dreireihiger Erbsenkamm, möglichst schmal. Einfachkämme sind zugelassen, sogar bei der Henne leicht umliegend. Wenig entwickelte Kehllappen, kleine Ohrlappen, deren Farbe wie die des Gesichts maulbeerfarbig bis schwarzrot sein soll. Dunkle Augen.

4,0–5,0 kg		3,5–4,0 kg
24		22
		normal
normal		normal

Farbenschläge: 1.4, 1.6, 1.8, 1.24, 2.4, 2.9, 3.1, 3.2, 5.1, 5,3, 5.4, 5.5.

Besonderheiten: Kraftstrotzende Erscheinung, interessante Vielfalt der Farben und Zeichnungen.

Birkenfarbig

Schwarz-rot

Lütticher Zwerg-Kämpfer

Herkunft: In Belgien gab es ab 1960 die ungetrennte Rasse „Belgische Zwergkämpfer“. Die Aufspaltung in den Brügger und Lütticher Typ erfolgte wenig später, sodass schon ab 1990 die Lütticher Variante in Belgien und dann auch in Berlin die deutlich von den Brüggern unterscheidbaren Lütticher Zwerg-Kämpfer gezüchtet wurden.

Rassegeschichte: Im deutschen Standard werden die Lütticher ab 1991 als eigenständige Rasse aufgeführt.

Form und Kopf: Entsprechend der riesenhaft wirkenden Großrasse ist auch deren Zwergtyp stark bemuskelt und wirkt in der Gesamterscheinung „vierschrötig“. Auffallende Breitschultrigkeit. Die Rückenlinie muss deutlich stärker als beim Brügger abfallen und ist länger. Kaum vorgewölbte, aber breite Brust, wenig Bauchentwicklung. Lange, anliegend getragene Flügel. Im Winkel zum Rücken getragener, voll besichelter Hahnenschwanz mit etwas geöffneten Steuerfedern. Dreireihiger, eher flacher Erbsenkamm, der wie die wenig entwickelten Kehl- und Ohrlappen maulbeerfarbig bis schwarzrot sein muss. So auch die Gesichtsfarbe. Dunkelbraune Augen. Lange Schenkel und Läufe. Starke Knochen und gut entwickelte Sporen (auch mit Doppelsporen). Sporenbildung bei der Henne gilt als Vorzug.

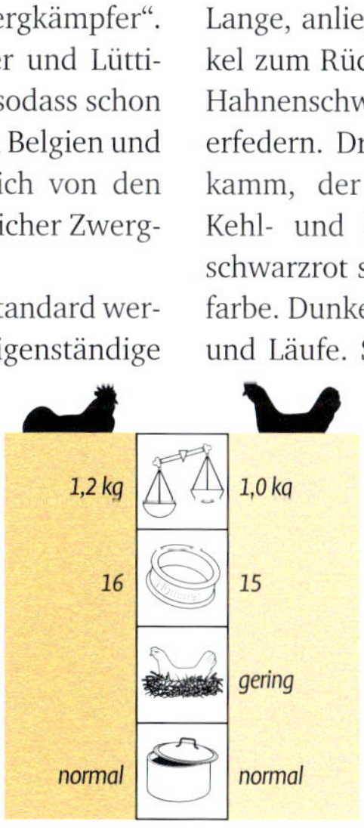

Farbenschläge: 1.8, 2.4, 5.1.

Besonderheiten: Im Rahmen wirken Lütticher etwas leichter und schnittiger als die Brügger. Die Legeleistung hält sich in Grenzen.

Blaubunt

Weiß-rot

Madras-Kämpfer

Herkunft: In Indien werden schon seit einigen Jahrtausenden große Kampfhühner (Asil-Schläge) gezüchtet. In diese Gruppe sind die Madras einzuordnen. Der Rassename stammt von der Millionenstadt Madras.

Rassegeschichte: Um 1964 gelangten Madras über Holland nach Deutschland. Ob die damals anerkannten Vietnamesischen Kämpfer identisch oder nahe verwandt waren, ist unklar. Auch der Tierpark Berlin-Friedrichsfeld züchtete mit Tieren aus Indien-Importen Anfang der Siebzigerjahre. 1970 wurden sie in der DDR offiziell anerkannt.

Form und Kopf: Durch die aufgerichtete Haltung, die breit stehenden, sehr muskulösen Schenkel und den sehr breiten Rumpf verkörpert die Rasse den großen Kampfhuhntyp. Im Unterschied zum Malaien ist der Hals kürzer, der Stand etwas niedriger und die Rückenlinie leicht aufgebogen. Der Hahnenschwanz trägt nur kurze, schmale Sicheln. Besonders wichtig sind die breit abgesetzten Schultern. Die Kopfpunkte sind raubvogelartig: breite Stirn und hervortretende Augenbrauen, abgesetztes Genick, kaum entwickelter, fest aufsitzender Erbsenkamm, kleine Kehllappen, deutliche nackte Kehlhaut, dunkelrote Ohrlappen und perlfarbige Augen,

Farbenschläge: 1., 1.12, 11.3, weiß-rot.

Besonderheiten: Madras begeistern durch ihr urtümliches Aussehen und Verhalten. Die Hennen brüten sehr zuverlässig. Bei der Aufzucht ist die Aggressivität der Junghähne zu beachten.

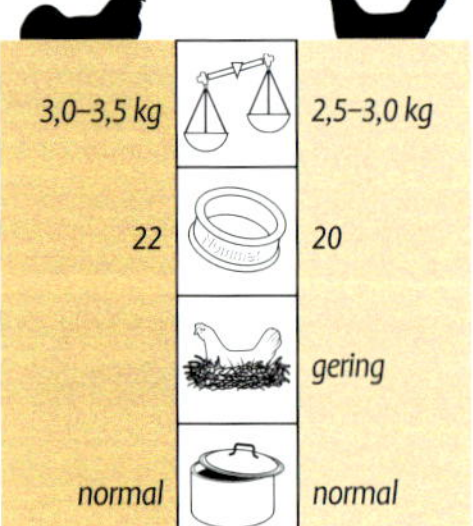

Gold-weizenfarbig

Gold-weizenfarbig

Malaien

Herkunft: Stammheimat Indien und Malaiischer Archipel. Bis zu 3000 Jahre zurückreichend. Unbewiesene Annahme, es habe ein ausgestorbenes Riesenwildhuhn gegeben (Gallus Giganteus).

Rassegeschichte: Pallas beschrieb um 1770 das Riesenhuhn „Gallinaces procecea". Nach Europa kamen die ersten Malaien durch englische Handelsschiffe um 1830. Ein Züchter namens Mehlsbach entwickelte aus diesen Importen, gekreuzt mit mehrsporigen Indischen Kämpfern, die heute ausgestorbenen „Mehlsbachschen Kämpfer".

Form und Kopf: Die Höhe des Hahnes kann bis zu 90 cm betragen. Kennzeichnend ist die so genannte Dreibogenlinie, die aus dem nach hinten gebogenen Hals, dem langen, breiten und gewölbten Rücken und dem gesenkt getragenen Schwanz aus schmalen, nur leicht gebogenen Sicheln gebildet wird. Der Rumpf wird an der Vorderseite durch Hals, Brust und Beine in einer senkrechten Linie abgegrenzt. Sehr hoch gezogene Schultern mit durchschimmernder Haut, abstehender Flügelbug. Breite, nur leicht gewölbte Brust, wenig entwickelter Bauch. Breiter Schädel, stark hervortretende Augenbrauen, absetzende Genicklinie, kleiner, breiter Wulstkamm, sehr kleine Kehl- und Ohrlappen, perlfarbige bis gelbliche Augen, starker, gekrümmter Schnabel. Hartes, knappes Gefieder.

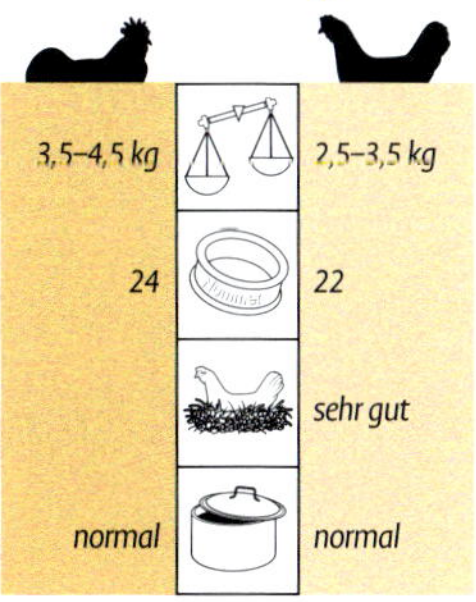

Farbenschläge: 1., 1.12, 1.14, 5.1, 5.5, 6.1, 7.13, 11.4.

Besonderheiten: Der Riese unter den Kampfhuhnrassen.

Schwarz-kupfer

Schwarz-kupfer

Marans

Herkunft: Namensgebung nach dem Ort Marans in Frankreich, nordöstlich von La Rochelle gelegen. Entstanden um 1895.
Rassegeschichte: In England gab es die Rasse schon 1929. Nach Angaben in „British Poultry Standards“ (Hawkworths) gingen Marans aus Kreuzungen von Faverolles, Barred Rocks, Brakeln und Gàtinaise hervor.
Form und Kopf: Trotz geräumigen Körpers soll der Gesamteindruck nicht plump wirken. Der Rumpf ist recht lang, breit und tief. Der lange Rücken ist flach und fällt leicht nach hinten ab. Breite Schultern, volle, gut gerundete Brust. Gut entwickelter Bauch, besonders bei der legenden Henne. Kräftige Schenkel, wenig sichtbar; mittellange, an den Außenseiten leicht befiederte Läufe und Außenzehen. Einfachkamm, der bei der Henne seitlich geneigt sein kann. Rote Ohrlappen, mittelgroße Kehllappen, rote bis orangefarbige Augen.
Farbenschläge: 1.11, 6.1.
Besonderheiten: Leistungsstarke Rasse mit hoher Eizahl und hohem Eigewicht. Vorzügliches Tafelfleisch. Ihre große Beliebtheit verdankt diese Rasse in erster Linie der schönen Eischalenfarbe. Beliebt sind die dunkelrotbraunen Eier; in Frankreich legen die Züchter besonderen Wert auf die intensive goldbraune Schalenfarbe („extra-roux“). Beweglicher Typ mit kräftigem Körperbau und robuster Konstitution.

3,5–4,0 kg		2,5–3,0 kg
22		20
		sehr gut
sehr gut		sehr gut

Gesperbert

Gesperbert

Mechelner

Herkunft: Die Anfänge gehen zurück bis Mitte des 19. Jahrhunderts. 1850 vom Antwerpener Zoo aus China eingeführte Schanghais; Brahma-Hühner aus den USA wurden mit Fleischhühnern aus der Umgebung der belgischen Stadt Mechelen gekreuzt. Zufuhr wertvoller Erbmasse durch Flandrische Kuckuckshühner („Coucon de Flandres“), Mechelner Kuckuckshühner („Coucon de Malines“) und Flämische Sperber.

Rassegeschichte: Das Mechelner Huhn war Favorit auf den Geflügelmärkten. Begehrte Fleischrasse zur Erzielung der „Stubenküken“. Spätere Einkreuzung des großformatigen Campiner-Huhns (Grammot). 1905 Gründung des deutschen Sondervereins. 1979 Spezialclub in Belgien.

Form und Kopf: Masthuhntyp: breites, tiefes Rechteck in der Rumpfform. Langer, gerader Rücken, starker Fleischansatz an der Brust, voll ausladende Bauchregion. Muskulöse Schenkel und kräftige, mittellange Läufe mit Befiederung an den Außenseiten bilden den Stand. „Vierschrötiger Rumpf“ (Standard) der Henne. Der Hahnenschwanz ist relativ kurz und wird mit leichtem Winkel zum Rücken getragen. Mittelgroßer Einfachkamm, stehend auch bei der Henne. Rote, schmale Ohrlappen, orangerote Augenfarbe.

Hahn		Henne
4,0–5,0 kg	Gewicht	3,0–4,0 kg
24	Ring	22
	Legeleistung	sehr gut
sehr gut	Fleisch	sehr gut

Farbenschläge: 5.5, 6.1.

Besonderheiten: Ruhiges Temperament, hervorragende Nutzungseigenschaften auch in der Legeleistung. Rentable Futterverwertung, wertvolles züchterisches Kulturgut.

Schwarz

Weiß

Minorka

Herkunft: Als Stammformen gelten alte spanische Landhuhnschläge. Der Rassename ist von der spanischen Insel Menorca abgeleitet.
Rassegeschichte: Um 1835 nach England eingeführt. Ab 1850 starke Verbreitung und etwa 20 Jahre später Einfuhr nach Deutschland. Gründung des deutschen Sondervereins 1895. Steigerung der wirtschaftlichen Bedeutung in Deutschland durch Umzüchtung auf körperliche Leistungsmerkmale nach 1920.
Form und Kopf: Lang gestreckter Körper mit viel Rumpftiefe und -breite stehen im Vordergrund. Die Figur der Henne wirkt im Hinterteil deutlich ausladend. Breite Schultern, gerade, leicht abfallende Rückenlinie, volle Brust, füllige Hinterpartie. Mittellange Haupt- und viele Nebensicheln im Hahnenschwanz. Hennenschwanz geschlossen. Kräftige, aus dem Gefieder hervortretende Schenkel, reichlich mittellange, feinknochige Läufe. Markante Kopfpunkte: relative großer Einfachkamm mit hoher Wölbung. Die Henne trägt den großen Kamm vorne aufrecht und dann nach der Seite geneigt. Rosenkämmige Minorka sind ebenfalls zugelassen. Die Ohrscheiben des Hahnes sind groß, glatt und reinweiß glänzend, die der Henne mehr kreisrund. Die Augenfarbe ist dunkelbraun bis schwarz bei Schwarzen, rot bei Weißen.

2,5–3,5 kg		2,25–3,0 kg
20		18
		gut
gut		gut

Farbenschläge: 5.1, 5.5.
Besonderheiten: „Aristokraten des Geflügelhofes“; lebhaftes Temperament, Wetterhärte, Frühreife, Leistungsstärke. Seltene Rasse, Erhalt der Bestände vordringlich.

Birkenfarbig

Silberhalsig

Moderne Englische Kämpfer

Herkunft: In England aus Altenglischen Kämpfern und Malaien nach 1850. Nach dem Verbot des Hahnenkampfsportes entstand im Zeitraum von 70 Jahren ein feingliedriger Schautyp.

Rassegeschichte: Bis zur Jahrhundertwende starke Verbreitung. Rückgang ab 1910 bis 1962 auf wenige hundert Tiere. 1967 Wiedereinbürgerung in Deutschland.

Form und Kopf: In der Draufsicht entspricht die Körperform einem umgekehrten Bügeleisen: breit in den Schultern, deutliche „Verjüngung" bis in die Sattelgegend. Stark abfallender, völlig flacher Rücken. Langer Hals mit kurzem, fest anliegenden Behang. Abstehende Schultern, eckig, gut abgesetzt. Die flachen Flügel liegen fest an und werden hoch getragen; Schwingspitzen unter dem Sattelbehang. Dieser ist beim Hahn kurz und geht in den dünnen, schmalen, flach getragenen Schwanz über. Schmale Sicheln, leicht gebogen. Hoch getragene, in der Seitenansicht flache Brust. Lange Läufe mit hoch ragenden Schenkeln. Kleiner Einfachkamm, rote Ohrlappen und kleine Kehllappen. Die Augenfarbe ist feurigrot, bei Birkenfarbigen; bei Orangebrüstigen und Schwarzen dunkel. Sehr knappes, hartes und fest anliegendes Gefieder.

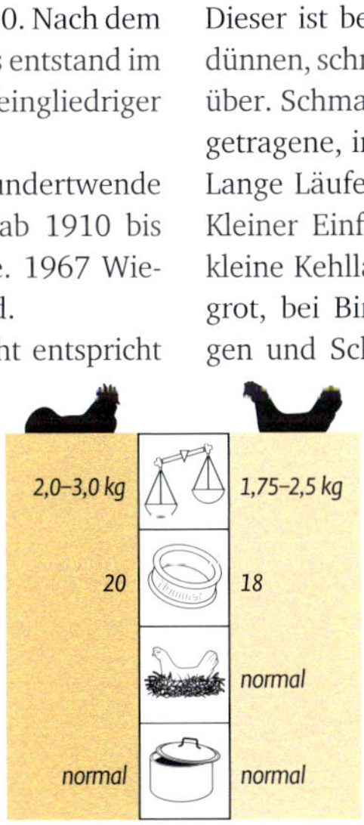

Farbenschläge: 1.4, 1.6, 1.23, 1.12, 1.14, 1.21, 2.1, 2.4, 2.8, 2.9, 3.1, 5.1, 5.3, 5.4, 5.5.

Besonderheiten: Lebende Dokumente der tierschutzgerechten Umzüchtung und Veredelung einer sehr alten Ursprungsrasse.

Kennfarbig

Blau-birkenfarbig

Moderne Englische Zwerg-Kämpfer

Herkunft: Die Engländer J. Crosland und W. F. Entwisle in Nordengland gelten als Herauszüchter Mitte des 19. Jahrhunderts. Paradoxerweise sind die Modernen älter als die Altenglischen Zwerg-Kämpfer.

Rassegeschichte: Gründung des Clubs 1880. Vermutlich wurde zur Erzüchtung dieser zierlichen Rasse ausschließlich die Großrasse durch Selektion auf Kleinheit und Zierlichkeit verwendet. 1871 Importe nach Deutschland durch H. Marten, Lehrte.

Form und Kopf: Der Rumpf: in der Vorderpartie breit mit hoch gezogenen, abstehenden Schultern, breiter Brust und knappem Bauch. Die Sattelbreite am Ende des betont flachen Rückens fein ausgezogen. Das Gefieder ist so knapp, dass auch der Hahnenschwanz nur aus kurzen, schmalen Sicheln besteht, die wenig über der Waagerechten getragen werden. Die kurzen Flügel müssen flach anliegen und mit dem Körperende abschließen. Langer, schlanker Hals, der dünn aus dem Rumpf kommt und lange Schenkel mit langen und straff stehenden Läufen. Auf dem keilförmigen schmalen Kopf sitzt ein kleiner Einfachkamm. Kleine Kehl- und Ohrlappen. Unterschiedliche Augenfarbe je nach Farbschlag.

Farbenschläge: 1.12, 1.14, 1.4, 1.6, 1.21, 1.23, 2.1, 2.4, 2.8, 2.9, 3.1, 3.2, 5.1, 5.3, 5.4, 5.5, 6.1, 6.6.

Besonderheiten: Zier- und Ausstellungsrasse von hoher kultureller Bedeutung. Sie gelten als „Perlen unter den Zwerghuhnrassen“. Ihre Haltung und Zucht ist „Hohe Schule“.

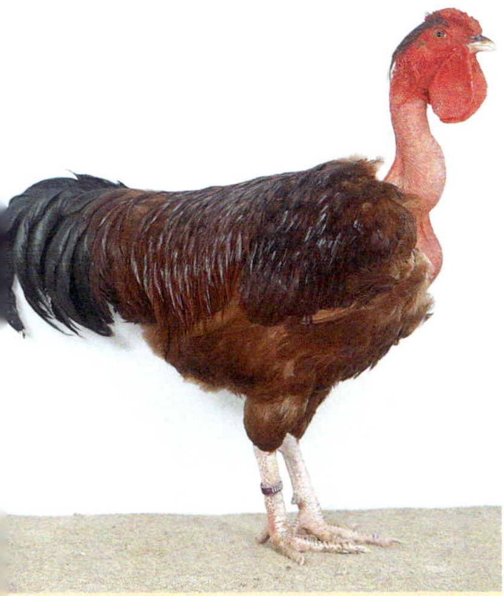

Rosenkämmig, rot

Schwarz

Nackthalshühner

Herkunft: Erste Präsentation dieser Kuriosität in Wien 1875. Zu den Ahnen zählt das indische Kulmhuhn, ein kämpferartiger Typ mit Nackthalsigkeit und Federarmut.

Rassegeschichte: Nach B. Noack gelten Malaien und Cochins zur Herauszüchtung, aber ungesicherte Theorie. Einleuchtender sind Ausführungen von W. Meier, wonach der Arzt J. Klutsch 1873 die Nackt- oder Kahlhälse, auch Türkische Hühner und Bosniaten genannt, in einem Dorf bei Schässburg/Österreich entdeckt hat. Von dort gelangten die Tiere nach Deutschland.

Form und Kopf: Hauptrassemerkmal ist der unbefiederte, leicht S-förmig gebogene Hals, der leuchtend rote Haut zeigen soll. Der Rumpf ist lang gestreckt walzenförmig in leicht abfallender Haltung. Unbefiederte Hautstellen befinden sich auf der vollfleischigen Brust. Breiter und voller Bauch. Unbefiedertes, dreieckiges Hautstück auf der Innenseite der kräftigen Schenkel. Mittellang und feinknochig sind die Läufe. Sowohl der Einfach-, als auch der Rosenkamm sind zugelassen. Dünn und rund sind die Kehllappen, rot die anliegenden Ohrlappen. Orangerot ist die Augenfarbe.

Farbenschläge: 1.1, 5.1, 5.4, 5.5, 5.6, 5.7, 6.1, 10.7.

Besonderheiten: Die Nackthalsigkeit ist im Erbgut dominant. Trotz ihrer reduzierten Befiederung sind Nackthalshühner ausgesprochen wetterhart und schnellwüchsig. Manchmal Verwunderung und Ablehnung bei Schaubesuchern.

Goldbraun

Weiß

New Hampshire

Herkunft: Ab 1915 im US-Staat New Hampshire aus Rhodeländern (Rhode Island Reds) durch strenge Auslese erzüchtet.

Rassegeschichte: Es ist nicht bekannt, ob außer den wirtschaftlichen Rhodeländern in der Anfangszeit noch andere Rassen verwendet wurden. Kurz nach 1945 wurden die goldbraunen „Wunderhühner" in die Niederlande importiert. In Österreich und um 1950 auch in Deutschland kamen die Zuchten in Blüte. Gründung des Sondervereins im gleichen Jahr.

Form und Kopf: Der breite und tiefe Körper bestimmt im Wesentlichen die Form. Hohlrund verläuft die Rückenlinie über die Sattelpartie in den gut ausgebreitet getragenen und ansteigenden Schwanz. Sowohl die Schultern als auch der Rücken erscheinen in der Draufsicht breit. Beim Hahn sind die etwas offen getragenen Steuerfedern gut mit Neben- und Hauptsicheln abgedeckt. Tiefe und gut gerundete Brust und voller Bauch bilden die Unterlinie. Bei der Henne wird breiter Körper- und Schwanzabschluss verlangt. Der Stand ist durch gut sichtbare Schenkel und mittellange Läufe gebildet. Die Kopfpunkte sind einfach: Stehkamm bei beiden Geschlechtern ohne aufliegende Kammfahne, passende Kehllappen und leuchtend rote Ohrlappen. Große orangefarbige bis rote Augen.

Farbenschläge: 4.11, 5.5.

Besonderheiten: Angenehmes „warmes" Farbbild. Zutrauliches Wesen. Ausgesprochenes Lege- und Masthuhn bei guter Futterverwertung. Eine der zahlenmäßig stärksten Rassen.

Hahn		Henne
3,0–3,5 kg	Gewicht	2,0–2,25 kg
22	Ring	20
	Brut	sehr gut
sehr gut	Fleisch	sehr gut

Blau gesperbert

Blau gesperbert

Niederrheiner

Herkunft: Deutschland. Erzüchter J. Jobs und F. Regenstein ab 1938. Zunächst Aufnahme in den Standard 1943 als „Blaues Masthuhn".

Rassegeschichte: „Nordholländische Blaue" mit dem genetischen Erbe der Mechelner Kuckuckssperber, Orpington, Plymouth Rocks und einigen Kampfhuhnrassen. Neuer Name: „Blaue Sperberhühner". 1943 Anerkennung der Kennsperber und Gelbsperber. Gründung des Sondervereins 1947. Mitte der sechziger Jahre Blaue und Birkenfarbige.

Form und Kopf: Breiter, abgerundeter, gedrungener Rumpf, mittellanger, breiter Rücken. Übergang der Oberlinie über den Sattel ohne eckige Unterbrechung in den im stumpfen Winkel getragenen Schwanz. Dieser ist beim Hahn mit breiten, gut gerundeten Sichelfedern besetzt. Breite Brustfront und gut entwickelte Bauchregion zeigen die Leistungsmerkmale an. Mittelhoher Stand durch muskulös hervortretende Schenkel und mittellange Läufe. Die Henne erscheint in den Umrissen noch etwas gedrungener und voluminöser. Einfacher Hahnenkamm mit mindestens vier, höchstens sechs Zacken. Bei der Henne darf der Kamm im hinteren Teil etwas zur Seite geneigt sein. Die übrigen Kopfbehänge sind klein. Feurigrot ist die Augenfarbe.

Farbenschläge: 2.4, 5.3, 6.2, 6.3, 6.5.

Besonderheiten: Pro Henne und Jahr durchschnittlich 180 Eier. Rentable Frühreife. Zahmheit und Nichtflieger sind weitere Vorteile. Gute Mästbarkeit, weiße Haut und feinfasriges Fleisch.

	Hahn	Henne
Gewicht	3,5–4,0 kg	2,5–3,0 kg
Ei	22	20
Brut		gut
Fleisch	gut	gut

Norwegische Jaerhühner

Herkunft: Seit etwa 1925 Beginn der Herauszüchtung in Norwegen.
Rassegeschichte: Wahrscheinlich hat das Jaerhuhn zusammen mit den Friesenhühnern die gleichen Wurzeln in den nordwesteuropäischen Sprenkelrassen. In Norwegen gibt es die Farbvarianten Braun, Hell und Dunkel. Seit 1992 im deutschen Standard.
Form und Kopf: Stolze Körperhaltung, gute Beweglichkeit, etwas gedrungene, walzenförmige Figur. Rückenlinie leicht nach oben gebogen. Abgerundete Schultern, lange, kräftige, fest am Körper getragene Flügel. Brustlinie gut gerundet und vorgewölbt, volle, breite Bauchregion. Kräftige, nicht zu lange Schenkel, mittellange, starkknochige Läufe. Der Hahnenschwanz wird sehr hoch getragen. Die Henne fächert etwas die Steuerfedern. Ihr Kamm soll klein und fein sein. Der Hahn trägt den Einfachkamm mit 4 bis 5 Zacken. Ohrscheiben klein und möglichst weiß, Kehllappen gut gerundet in mittlerer Größe. Große, lebhafte, rotbraune Augen.

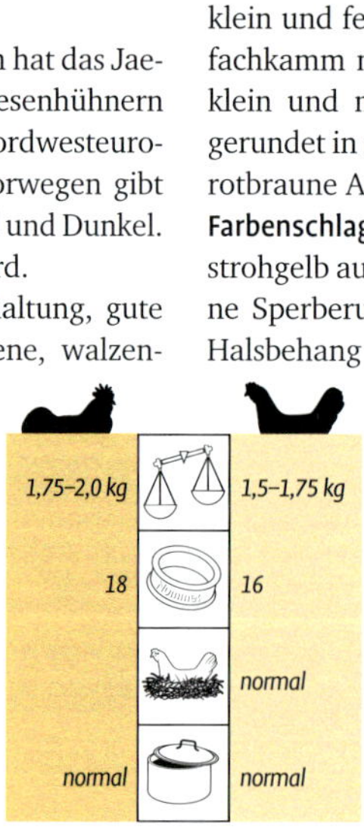

Farbenschlag: Ausschließlich cremefarbig bis strohgelb auf weißem Untergrund, gelbbraune Sperberung. Strohgelbe Querstreifen im Halsbehang des Hahnes. Rücken der Henne dunkelbraun mit gelber Sperberung. Die Henne wirkt im Gesamtbild dunkler.
Besonderheiten: Die Eintagshähnchen tragen auf dem Kopf einen großen hellen Fleck und sind in den Dunen heller gefärbt. Die Hennchen sind mehr graubraun.

Silberhalsig

Goldhalsig

Ohiki

Herkunft: Um 1780 Bestände in Südjapan. Der Rassename bedeutet so viel wie „Schleppender Schwanz“.

Rassegeschichte: Angeblich sollen Ohikis schon 1921 zur Herauszüchtung der Zwerg-Phönix verwendet worden sein. Wiedereinfuhr 1955 durch W. Vits, Marburg. Ursprünglicher Rassename: Minohiki-Chabo.

Form und Kopf: Die Figur wirkt durch den breiten Rumpf, die etwas vorgewölbte Brust und die volle Bauchlinie gedrungen. Breit sind auch Rücken und Schultern. Durch die kurzen, im Bauchgefieder versteckten Schenkel und die kaum mittellangen Läufe ist der Stand eher tief. Die Schwingen des Hahnes werden etwas gesenkt getragen, die der Henne mehr waagerecht. Hals und Körperende sind beim Hahn üppig mit Federn besetzt. Der Schwanz soll breit und in sich gewölbt sein. Die sehr langen und schmalen Sichelfedern mit den weichen Schäften reichen bis zum Boden. Im ausgereiften Zustand bilden sie eine Schleppe. Der Abschluss der Henne besteht aus den gewölbt angeordneten Steuerfedern und dem etwas lockeren Sattel- und Schwanzdeckgefieder. Kleine Stehkämme mit leicht ansteigender Fahne. Dazu passende mittelgroße Kehl- und Ohrlappen. Diese sollen rund bis oval und gelblich weiß sein. Orangerot ist die Augenfarbe.

Farbenschläge: 1.4, 2.1.

Besonderheiten: Erstaunlich gute Verbreitung in Deutschland in letzter Zeit. Interessante Verhaltensweisen. Zahm und temperamentvoll zugleich.

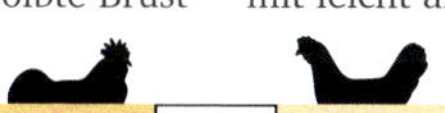

0,9 kg		0,75 kg
13		11
		normal
normal		normal

Okina-Chabos

Herkunft: Zur Entstehungszeit in Japan gibt es unterschiedliche Angaben: 1923 (Bartl), 1927 und 1935 (Borger) und 1930 (Deutscher Rassestandard).

Rassegeschichte: Tahagi Richaaki verpaarte einen weißen Chabohahn mit einer bärtigen südjapanischen Jidorihenne. Die Rückpaarung einer bärtigen Henne mit dem Chabohahn ergaben angeblich dominant vererbende Bartträger. Die farbigen Tiere wurden zur Weiterzucht nicht verwendet. Der Rassename bedeutet so viel wie „Alter Mann mit weißem Bart". In Deutschland erste Nachzucht aus japanischen Bruteiern 1990. Deutsche Musterbeschreibung 1996.

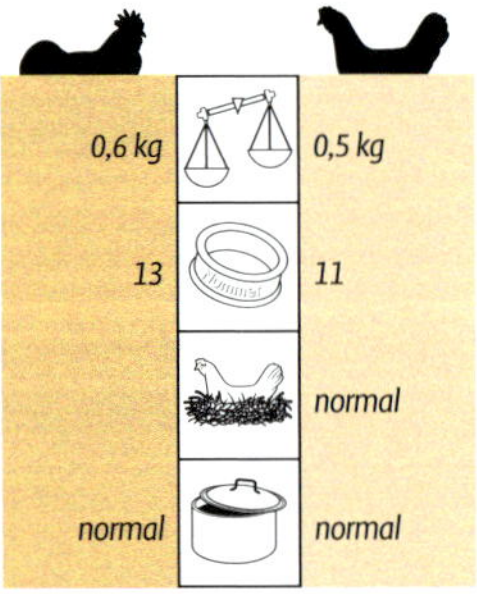

Form und Kopf: Im Format entspricht diese Rasse vollständig den Chabos. Kennzeichnend ist der tiefe Stand, der kurze, breite Rumpf mit den tief getragenen Flügeln. Zur Oberlinie gehört der haarnadelförmige Verlauf der Hals-, Rücken-, Schwanzlinie. Die Kopfpunkte sind hervorstechendes Rassemerkmal: Kamm und Augenfarbe sind mit den Chabos identisch. Die Kinnbefiederung besteht aus verlängerten Federn, die den vollen, ungeteilten Kinn- und Backenbart bilden. Die Kinn- und Ohrlappen sind vom Bart verdeckt.

Farbenschlag: Ausschließlich weiß.

Besonderheiten: Okina-Chabos bedeuten eine interessante Bereicherung der „Kleinen Grotesken" aus dem fernen Osten. In Japan gibt es nur wenige Zuchten, beschränkt auf die Insel Koshi.

Weiß

Goldhalsig

Onagadori

Herkunft: Bestand seit etwa 300 Jahren in Japan als extreme Langschwanzrasse mit ununterbrochenem Wachstum des Schwanzgefieders herausgezüchtet.

Rassegeschichte: Onagadori wurden 1923 in Japan zum Naturmonument erhoben und sind seitdem staatlich geschützt. Durch mutative Veränderungen entstanden Hähne, deren Sattel- und Schwanzgefieder ohne Unterbrechung weiterwuchs. Dadurch kann die Schwanzlänge bis zu 13 Meter erreichen. Nach dem Zweiten Weltkrieg waren die Bestände fast erloschen. Erneuter staatlicher Schutz ab 1952. Lebende Tiere dürfen nicht verkauft oder geschlachtet werden. Dennoch gelangten vor ca. 35 Jahren langschwänzige Originaltiere nach Deutschland.

1,8 kg	Gewicht	1,35 kg
16	Ring	15
	Legeleistung	normal
normal	Fleisch	normal

Form und Kopf: Hauptaugenmerk bei der Rassebeurteilung liegt auf dem Sattel- und Schwanzgefieder. Sehr lange und üppig entwickelte Schwanzpartien mit schmalen Federn. Auch die Henne zeigt säbelförmige Schwanzdeckfedern und verlängertes Hals- und Sattelgefieder. Hoch getragene Brust, schlanke Landhuhnform. Knapp entwickelter Bauch, gut mittellange, kräftige Schenkel. Einfacher Kamm, der bei Althähnen seitlich geneigt sein darf. Die Henne trägt den kleinen Stehkamm. Orangerote bis kastanienbraune Augenfarbe.

Farbenschläge: 1.4, 2.1, 3.3, 5.5, goldrot mit schwarzem Schwanz.

Besonderheiten: Ausgesprochenes Zierhuhn. Hohes Kulturgut. Bedarf sorgfältiger Unterbringung und Pflege.

Rotbunt

Rotbunt

Orloff

Herkunft: Die Ahnen der Orloff dürften im 17. und 18. Jahrhundert in Persien gelebt haben. Aus der persischen Provinz Gilan sollen die ersten Tiere nach Zentralrussland gekommen sein.

Rassegeschichte: Die Stadt Orlow wird als namensgebend angenommen. Russische Pawlowa-Barthühner und Malaien gehören wahrscheinlich zu den weiteren Stammtieren. Russisches Nationalhuhn (Gallus dom. pugnax barbatue) um 1908.

Form und Kopf: Breite Schulterpartie, gedrungener Körperbau, aufgerichtete Haltung. Der lange, aufgereckte Hals ist voll befiedert, darf aber die Schultern nicht bedecken. Aufgebauschtes Nackengefieder, im Genick abgesetzt. Breite Brust ohne Vorwölbung. Kurzes Abschlussgefieder des Hahnes; Schwanzhaltung aufrecht bis rechtwinklig. Die Rumpfhaltung der Henne ist mehr waagerecht; besondere Betonung der Bauchregion. Hervortretende Schenkel, mittellange Läufe ergeben den kämpferartigen Stand. Rassetypisch die volle Bartbildung (starker Backen- und Kinnbart). Ohr- und Kehllappen sind verdeckt. Überstehende Augenbrauen, perlfarbig bis orangerote Augen.

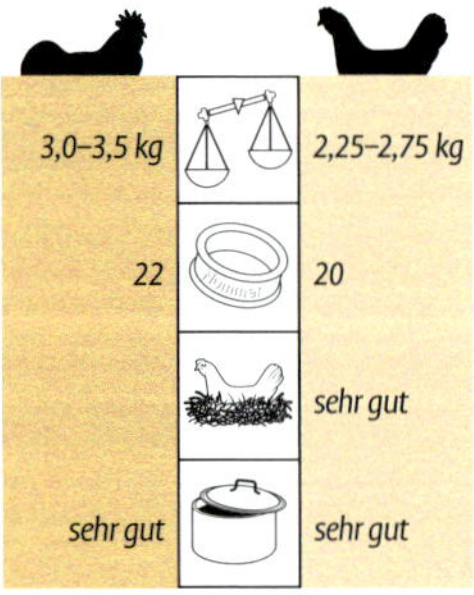

Farbenschläge: 1.17, 5.1, 5.5, 6.1, 10.7, 11.2.

Besonderheiten: Trotz „wildem“ Aussehen und kämpferischer Robustheit ausgesprochene Zahmheit und Anhänglichkeit gegenüber dem Züchter. Wetterunempfindlichkeit, sehr gute Legeleistung, leichte Mästbarkeit, feines Tafelfleisch.

Rot

Blau

Orpington

Herkunft: Erzüchtung ab 1886 durch E. Cook in Orpington-House bei St. Mary in der südenglischen Grafschaft Kent aus Minorka, schwarzen Langschan, Plymouth Rocks und wahrscheinlich auch Sumatra.

Rassegeschichte: Weiterentwicklung durch J. Partington (Präsentation auf der Dairyschau in London 1891). 1881 waren die ersten Orpington schon bei K. Huth in Deutschland. Die Roten entstanden durch Verwendung von Sussex, Rhodeländern und Wyandotten 1905 durch Freiherrin von Weinbach-Diessen in München.

Form und Kopf: Wuchtige Erscheinung durch stattliche Größe und allseits ausladende Würfelform. Breite und Tiefe des Rumpfes bilden den Rahmen zusammen mit den starken Schultern, dem kurzen Schwanz und dem tiefen Stand. Das flaumreiche, volle Gefieder unterstützt diesen Eindruck. Die Henne wirkt in der Figur noch etwas gedrungener. Kleine Kopfpunkte: einfacher, aufrecht stehender Kamm oder rosenkämmig, mittelgroße Kehl- und Ohrlappen. Unterschiedliche Augenfarbe je nach Farbenschlägen.

Farbenschläge: 2.4, 5.1, 5.5, 5.4, 5.7, 5.6, 6.4, 7.7, 7.9, 10.7, 11.4.

Besonderheiten: Eindrucksvolle Gesamterscheinung im Schaukäfig. Konkurrenzfähig mit ausgesprochenen Wirtschaftsrassen hinsichtlich der Eier- und Fleischerträge. Relativ geringe Raumansprüche durch wenig Flugfähigkeit. Schnellwüchsigkeit und Zutraulichkeit.

Gold-schwarzgeflockt

Silber-schwarzgeflockt

Ostfriesische Möwen

Herkunft: Ursprüngliche „Tot- und Alltagsleger“ um 1820 im deutsch-niederländischen Grenzgebiet, auch als Sprenkelhühner und in Holland als Campiner bezeichnet.

Rassegeschichte: Gesichertes Vorkommen goldmöwenähnlicher Hühner in Deutschland um 1850 in Braunschweig. Bezeichnung „Möwe“ resultiert aus der Zeichnung des Kükenflaums, die den Jungen des Seevogels ähnelt. Die für das heutige Möwenhuhn charakteristische und unverwechselbare Flockenzeichnung wurde erst nach der Jahrhundertwende durch Auslesezucht erzielt.

Form und Kopf: Bei beiden Geschlechtern zeigen die Figuren ein längliches Viereck mit allseitiger Abrundung. Das Hahnengefieder zeigt voll bewachsenen Behang in Hals, Sattel und in dem breiten, hoch getragenen Schwanz. Bei der Henne kommt die tief angesetzte Brust und der volle Bauch in der Form als Landhuhn zur Geltung. Hinter den breiten Schultern verläuft möglichst waagerecht der mittellange Rücken. Feinknochige Läufe und hervortretende Schenkel bilden den Stand. Glatte, weiße Ohrscheiben, mittellange Kehllappen und der mittelgroße Einfachkamm (bei der Henne etwas Neigung zulässig) sind üblich. Rotgelbe bis rotbraune Augenfarbe.

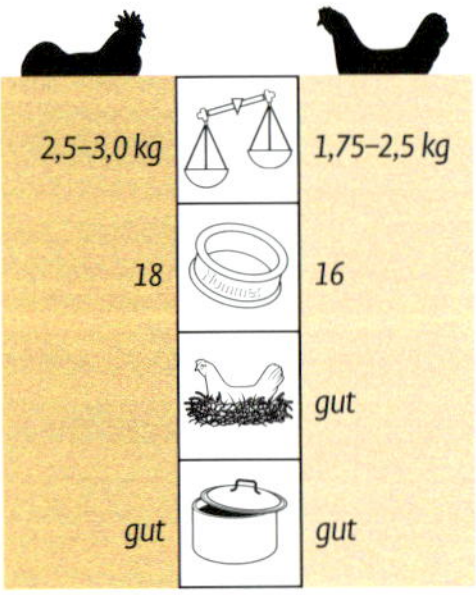

Farbenschläge: 8.1, 8.3.

Besonderheiten: Bestechender Kontrast im Farb- und Zeichnungsbild. Frohwüchsigkeit der Küken. Geschätzte Fleischqualität der Schlachttiere, recht hohe Legeleistung, fleißige Futtersuche im Freilauf.

Silber-schwarzgeflockt

Silber-schwarzgeflockt

Ostfriesische Zwerg-Möwen

Herkunft: Als Herauszüchter gelten L. Groen, Elisabeth Feen und E. Flemer, Aurich seit 1952. Heimatregion Ostfriesische Inseln.

Rassegeschichte: Deutsche Zwerge, große Ostfriesische Möwen und silberfarbige Zwerg-Italiener bildeten die Ausgangsstämme. Anerkennung 1959. Die Gold-Schwarzgeflockten kamen durch eine aus Holland eingeführte Henne bei H. Oncken, Engels, und bei Hildebrandt, Köln, durch die Verwendung porzellanfarbiger Bantams und schwarze Deutsche Zwerghühner zu Stande. Seit 1968 anerkannt. 1983 Gold-Blaugeflockte. 1993 Gelb-Weißgeflockte, 1995 Silber-Blaugeflockte.

Form und Kopf: Die Körperumrisse bilden ein längliches Viereck mit allseitiger Abrundung. Haltung und Rückenlinie fast waagerecht. Breite Schultern, fest anliegende Flügel. Unterlinie durch breite, tiefe Brust und vollen Bauch „landhuhnförmig". Hoch getragenes Schwanzgefieder, beim Hahn breite Sicheln. Schenkel und Läufe mittelhoch. Mittelgroßer Einfachkamm mit etwas freistehender Fahne. Bei der Henne im hinteren Teil zur Seite geneigt. Glatte, weiße Ohrscheiben; beim Hahn rote, bei der Henne oft braune Augen.

0,8–0,9 kg		0,7–0,8 kg
13		11
		gut
normal		normal

Farbenschläge: 8.1, 8.2, 8.3, 8.4, 8.6.

Besonderheiten: Deutliche Unterscheidung zu den Zwerg-Friesenhühnern, alleine schon durch das höhere Gewicht. Geeignet für raue Klimalagen. Legefreudig, auch im Winter. Apartes Zeichnungsmuster bei den Hennen.

Chamois

Blau

Paduaner

Herkunft: Entwicklung seit 500 Jahren von Russland, Italien, Holland, England aus bis Deutschland 1869. Älteste Abbildung in Deutschland: 1793 (Frisch).

Rassegeschichte: Lange Zeit unspezifische Rasse; Haubenbildung, mit und ohne Federbart. Danach gute Weiterentwicklung und Herauszüchtung zahlreicher Farbenschläge, darunter die Singularität „Tollbunte" und die gelockte Variante als „Ganzkörperchrysanthemen" (Wandelt).

Form und Kopf: Die Kopfpunkte stehen im Vordergrund: volle Rundhaube, beim Hahn aus schmalen, spitzen Federn, bei der Henne kugelförmig fest, in jedem Fall die Augen so freilassend, dass die Tiere ungehindert sehen können. Starker Kinn- und Backenbart bei beiden Geschlechtern. Kamm und Kehllappen fehlen oder nur angedeutet. Die Ohrscheiben sind vom Bart und von der Haube völlig bedeckt. Braune Augen, bei Weißen und Gesperberten orangerot. Gestreckter Typ in leicht abfallender Haltung. Dazu gehören breite Schultern, nicht zu tief getragene Brust und gut gefüllte Bauchregion. Der gut besichelte Hahnenschwanz wird im rechten Winkel getragen. Die Haltung der Henne ist mehr waagerecht.

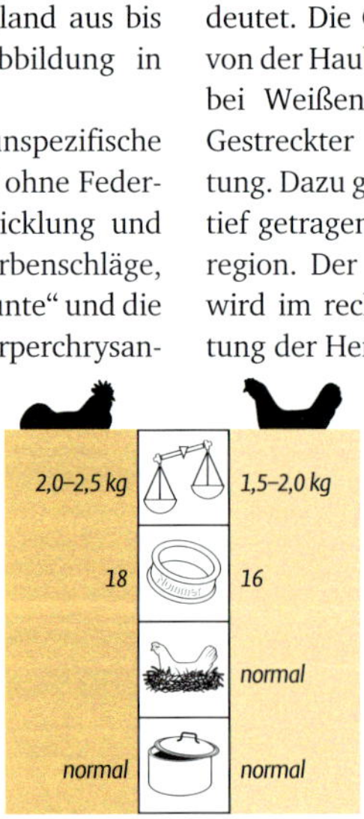

Farbenschläge: 5.1, 5.2, 5.3, 5.5, 6.1, 7.3, 7.4, 7.8, tollbunt.

Besonderheiten: Altes europäisches Zucht-Kulturgut. Bei der Aufzucht und Pflege ist der Haube besondere Sorgfalt zu widmen: Vorbeuge gegen Ektoparasiten, Entfernen der Federspulen, Schutz vor Durchnässung.

Gold-weizenfarbig

Gold-weizenfarbig

Penedesenca

Herkunft: Seit Jahrhunderten im spanischen Katalanien gezüchtete Rasse (benannt nach der Ortschaft Penedés).
Rassegeschichte: Die Rasse in ihrer heutigen Ausprägung soll ab 1921 in Spanien rein gezüchtet sein. In Deutschland einer der zuletzt durch Aufnahme in den Standard offiziell anerkannten Rassen.
Form und Kopf: Der Körper erscheint in der Walzenform muskulös. In Relation zum Rumpf ist der Hals lang und wird in leichtem Bogen nach hinten getragen. Gut befiedert trägt der Hahn den Schwanz etwas gefächert und fast steil. Brust und Bauch sind gut entwickelt, besonders bei der legenden Henne. Auch ist ihre Haltung mehr waagerecht. Nach Mittelmeertypik ist der Stand durch mittellange Schenkel und Läufe mitbeteiligt an dem „stolzen" Gesamteindruck. Der Einfachkamm zeigt ein Merkmal, das bei allen anderen Rassen bei der Bewertung zum Ausschluss führen würde: der kreuzartige Abschluss durch die seitlichen Auswüchse. Der recht große Kamm der Henne hängt hinten seitlich herab und muss auch mit Auswüchsen versehen sein. Dazu passende große Kehllappen und länglich ovale Ohrscheiben, manchmal mit roten Farbfeldern. Die Augenfarbe ist orangerot.

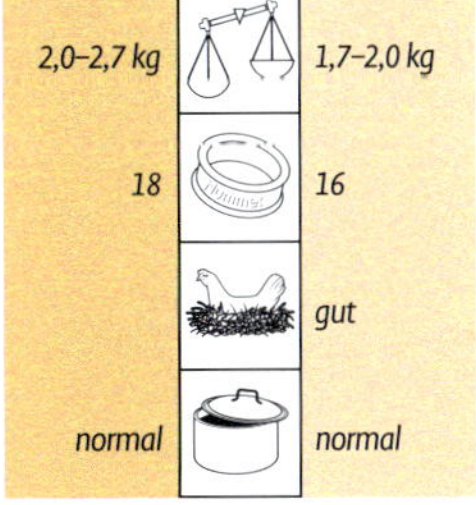

Farbenschläge: 1.12, 6.6, 7.9.
Besonderheiten: Mit 65 g Eigewicht interessanter Nutzaspekt. Sehr beliebt ist die dunkle, rotbraune Schale. Einzigartige Kammstruktur.

Goldhalsig

Goldhalsig

Pfälzer Kampfhühner

Herkunft: Rheinland-Pfalz im letzten Jahrzehnt des 20. Jahrhunderts erzüchtet.

Rassegeschichte: Das Anliegen der Züchter war, Moderne Englische Kämpfer mit kleinem Erbsenkamm zu erzüchten. Es gelang in relativ kurzer Zeit unter Zuhilfenahme von Malaien, den schlanken Typ des Englischen Kämpfers herauszubringen, allerdings vererbte sich die aufgebogene Rückenlinie der Malaien hartnäckig.

Form und Kopf: Nach dem Modell englischer Kampfhühner ist die Körperfront durch die kantigen, gut abgesetzten Schultern recht breit. Der Rumpf verjüngt sich nach hinten stark. Die kaum mittellange, leicht abfallende Rückenlinie ist leicht gewölbt. Die Halslänge ist etwas geringer als bei reinblütigen Modernen Englischen Kämpfern. Auch im relativ hohen Stand zeigt sich das Engländer- und Malaienerbe. Der Kopf aber unterscheidet sich vom Malaien durch die keilförmige Länge und die flache Stirnlinie. Nur wenig entwickelte Kehllappen, dafür eine deutliche Kehlwamme dazwischen. Dreireihiger Erbsenkamm ohne langen Dorn, möglichst klein und fest aufsitzend. Rote, glatt anliegende Ohrlappen; große, orangefarbene Augen. Hartes, flaumarmes, fest anliegendes Gefieder.

Hahn		Henne
2,0–2,5 kg	Gewicht	1,75–2,0 kg
20	Ring	18
	Brut	gut
normal		normal

Farbenschlag: Ausschließlich goldhalsig.

Besonderheiten: Interessanter Neuerwerb in der europäischen Kampfhuhnzucht. Relativ fleißiger Leger. Die Glucken sind hervorragende Brüterinnen. Im Schaukäfig viel Eleganz und „stolze“ Erscheinung.

Goldhalsig

Orangehalsig

Phönix

Herkunft: Von den alten japanischen Shokuku unterscheiden sich die „deutschen" Phönix nicht zuletzt durch die Lauf- und Ohrscheibenfarbe.

Rassegeschichte: Aus japanischen Langschwanzhühnern und englischen Kampfhühnern formten deutsche Züchter ab 1878 schwerere Typen mit weniger Rumpflänge, etwas breiteren Schultern und ausgeprägterem Sattel- und Schwanzgefieder. Zwischenzeitlich wurden in Deutschland die Nachzuchttiere als Phönix-Shokuku bezeichnet.

Form und Kopf: Langer, schlanker, leicht abfallend getragener Rumpf mit eleganten Proportionen und gestreckter Rückenlinie. Ungewöhnliche Länge der Sattel- und Sichelfedern beim Hahn. Üppiges Halsgefieder bedeckt mit schmalen Federn Schultern und Oberrücken. Auch die Henne zeigt den sehr langen, waagerecht getragenen Schwanz mit den säbelförmigen oberen Schwanzdeckfedern und den reich entwickelten seitlichen Deckfedern. Kräftige Schultern, breite, jedoch nicht tief gehende Brustlinie, nur knapp entwickelter Bauch. Stehkamm beim Hahn regulär ohne aufliegende Fahne; leichte Seitenneigung im hinteren Teil möglich. Der Hennenkamm soll stehen. Kaum mittellange Kehllappen, kleine weiße Ohrscheiben. Die Lauffarbe: blaugrau. Orangerote bis rote Augenfarbe.

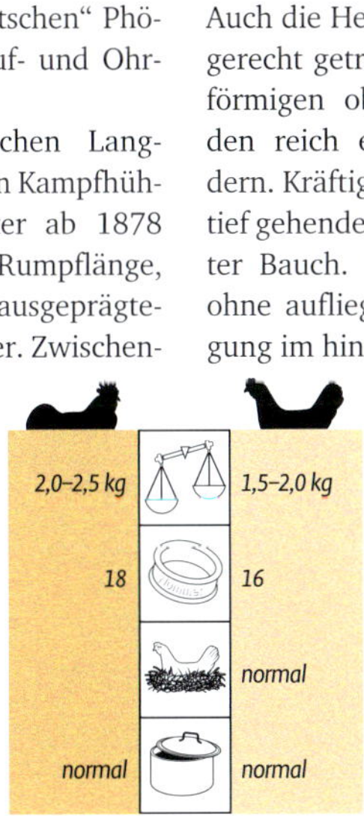

Farbenschläge: 1., 1.4, 2., 3.3, 5.5.

Besonderheiten: Attraktives Zierhuhn mit exklusiver Befiederung.

Gestreift

Gestreift

Plymouth Rocks

Herkunft: Herauszüchtung zunächst im gestreiften Farbschlag ab 1850 in den USA (Worcester/Massachusetts) aus Java-Hühnern, Dominikanern, Brahma und Cochin. Der Rassename bezieht sich auf das englische Wort Rocky für Felsen und bedeutet so viel wie „felsenfest", bezogen auf die Gesundheit dieser Rasse. Aufnahme in den Amerikanischen „Standard of Perfection" 1874.

Rassegeschichte: Schon 1889 sollen in England auf der Kristallpalastschau in London 170 gestreifte Tiere ausgestellt worden sein. Nach Deutschland kamen die ersten Plymouth Rocks um 1880 über England. 1906 Direktimporte aus den USA. 1909 offizielle Anerkennung in Deutschland.

Form und Kopf: In der Form eines angehobenen Dreiecks. Dazu gehören der lange, breite und tiefe Rumpf und die breite, mittellange, leicht ansteigende Rückenpartie, die über den voll befiederten Sattel in den kurzen und breit angesetzten Schwanz übergeht. Besonders der Hennenrumpf zeigt durch die Bauch- und Brustlinie die typhafte Plymouth-Figur. Mittellange Schenkel und Läufe ohne Besonderheiten. Auch die Kopfpunkte sind einfach: Stehkamm bei Hahn und Henne mit nicht zu tiefer Zackung. Mäßig lange Kehllappen und mittelgroße, rote Ohrlappen. Augenfarbe: gelb bis rot.

Hahn		Henne
3,0–3,5 kg		2,5–3,0 kg
22		20
		sehr gut
sehr gut		sehr gut

Farbenschläge: 4.1, 5.1, 5.5, 5.6, 6.4, 7.9, 7.12.

Besonderheiten: Leichte Mästbarkeit, relativ hohes Eigewicht, vortreffliche Fleischqualität.

Prat

Herkunft: Um die Jahrhundertwende in dem spanischen Städtchen Prat de Llobregat in der Nähe von Barcelona entstanden. Ihr spanischer Name: Catlane del Prat (Katalanier von Prat). Ihr Förderer in der Anfangszeit war Salvator Castelló, der auch für die Verbreitung in lateinamerikanischen Ländern sorgte.

Rassegeschichte: Seit 1902 als Schauhuhn (Weltmesse in Madrid) bekannt. 1949 Aufnahme in den US-„Standard of Perfection“ als „Buff Catalanas“. In Holland seit 1977 (G. B. J. van Dommelen) und seit 1985 in Deutschland (H. Donauer). 1990 Anerkennung im deutschen Standard.

Form und Kopf: Im Unterschied zu den sonst leichteren Mittelmeerrassen verkörpern Katalanier den schweren Landhuhntyp. Eleganz durch den relativ hohen Stand, den langen, breiten Rumpf, den langen Hals und den vollen, langen, gut besichelten Schwanz beim Hahn. Etwas „behäbiger“ erscheint die Henne im Format. Die Brust soll tief gehend und gut gerundet sein. Der einfache Hahnenkamm ist recht groß und fleischig mit der Nackenlinie folgenden Fahne. Der Kamm der Henne senkt sich im hinteren Teil zur Seite, ohne die Sicht zu behindern. Kurze, runde Kehllappen, länglich große, reinweiße Ohrscheiben, rötlich bis dunkelbraune Augen.

Farbenschlag: Ausschließlich Hell-Goldbraun.

Besonderheiten: Apartes Farbbild in „warmem“ Ton, sehr gute Wirtschaftlichkeit: Eier- und Tafelfleischlieferant.

Gelb

Gelb

Ramelsloher

Herkunft: Die Stammform, das Vierländerhuhn, ist ausgestorben. Zur Steigerung der Legetätigkeit Herausbildung eines kräftigen Huhns in einem Kloster bei Hamburg 1870.

Rassegeschichte: 1874 Namensgebung nach dem Ort Ramelsloh und Ausstellung in Hamburg. Erfolgreiche Ausbreitung, besonders auch zur Stubenkükenzucht im Winter. Gründung des Sondervereins 1904. Gelbe wurden durch Einkreuzung gelber Cochins erzielt. Starker Rückgang in den folgenden Jahrzehnten durch neue Wirtschaftsrassen.

Form und Kopf: Der Größenrahmen ist beeindruckend. Dennoch wird gestreckter, walzenförmiger Körper mit breitem, langen Rücken, breiter und voller Brust und ausgeprägter Bauchpartie verlangt. Die Schwanzbefiederung ist beim Hahn nur mittellang. Die Rückenlinie des Hahnes ist etwas abfallend, bei der Henne mehr waagerecht. Durch die hervortretenden Schenkel wirkt die Rasse etwas hoch stehend. Mäßig hoch ist der Stehkamm mit etwas freistehender Fahne. Die Henne darf umliegende Kammfahne haben. Die dunklen Augen sind mit schwarzem Lid umgeben.

Farbenschläge: 5.5, 5.6.

Besonderheiten: Schützenswerte Kultur-Rasse mit beachtlichen Leistungsmerkmalen. Eindeutiger Vorzug ist die Legeleistung, 170 bis 190 pro Jahr und Henne mit einem Eigewicht von 50 bis 58 Gramm. Hohe Befruchtungsrate; interessantes, urtümliches Verhalten.

2,5–3,0 kg		2,0–2,5 kg
20		18
		sehr gut
gut		gut

Redcaps

Herkunft: Hamburger und Redcaps haben gemeinsame Vorfahren. Außerdem zählen Altenglische Kämpfer zu den Ahnen. Heimatgebiet ist Nordengland (Grafschaften Lancashire und Yorkshire). Das Altenglische Fasanenhuhn vereint die Form der Hamburger mit dem Zeichnungsbild der Redcaps.

Rassegeschichte: Wahrscheinlich seit Mitte des 19. Jahrhunderts als „Abart der Goldlack-Hamburger" (Dürigen) züchterisch gefestigt. 1985 Import durch R. Wandelt aus Holland. Gründung des Sondervereins und offizielle Anerkennung der Rasse in Deutschland 1988.

Form und Kopf: Die Kammbildung ist Hauptrassemerkmal. Schon Dürigen sprach 1906 von einem „gewaltigen Rosenkamm". Die Maße: 8,5 cm Länge, 7 cm Breite. Der Kamm ist besetzt mit feinen Fleischperlen. Bei aller Größe darf der Kamm nicht über die Schnabelspitze hinausragen und das Gesichtsfeld nicht einschränken. Mittelgroße, rote Ohrlappen. Die Augenfarbe ist rot. Gelbliche und bräunliche Augen ebenfalls gestattet. Der mäßig lange Rumpf wird von den vollen Brust- und Bauchlinien begrenzt. Der Stand wirkt mit den fleischigen Schenkeln eher tief. Probleme gibt es manchmal mit der Befiederung des Hahnenschwanzes. Angestrebt wird eine volle und stark gebogene Besichelung und Haltung im Winkel von 45 Grad.

Farbenschlag: Ausschließlich goldrotbraun-schwarz getupft.

Besonderheiten: Einzigartige Kammgröße und -struktur.

Schwarz

Rebhuhnfarbig

Rheinländer

Herkunft: Entstanden in der Eifel ab 1894 bei H. R. v. Langen aus rebhuhnfarbigen Italienern und Landhühnern.

Rassegeschichte: Ursprüngliches Zuchtziel war die Verbindung hoher Widerstandskraft mit gesteigerter Legeleistung. Dazu wurden später noch Ramelsloher, Bergische Kräher und französische Le Mans-Hühner eingekreuzt. 1897 als „Silberhalsige Deutsche Landhühner" ausgestellt. Weiße schon 1897. Gesperberte wurden durch Verwendung von Deutschen Sperbern ab 1930 erzielt.

Form und Kopf: Rumpf im Verhältnis von Länge und Tiefe wie 8:5. Das Rechteck wird vom gleichmäßig breiten und langen Rücken in waagerechter Haltung, von der tief heruntergehenden Brust und dem flaumig bewachsenen Bauch begrenzt. Die Hennenform ist in allen Teilen noch typhafter. Der Hahnenschwanz ist lang, gleichmäßig breit und wird hoch getragen, sodass zum Rücken ein Winkel entsteht. Die Besichelung soll breitfedrig und an den Enden abgerundet sein. Nur knapp mittelhohe Stellung. Mittelgroßer, niedriger Rosenkamm, dessen Dorn dem Nacken folgt. Kleine Kehllappen und reinweiße, runde Ohrscheiben. Unterschiedliche Augenfarbe je nach Farbschlag.

Hahn		Henne
2,0–2,75 kg		1,75–2,5 kg
18		16
		sehr gut
sehr gut		sehr gut

Farbenschläge: 1.1, 2.1, 5.1, 5.4, 5.5, 6.1.

Besonderheiten: Neben der klar umrissenen „Kastenfigur" stehen die Nutzungseigenschaften, besonders die mehrjährige hohe Legeleistung im Vordergrund. Sehr starke Verbreitung.

Rhodeländer

Herkunft: USA. Seit Mitte des 19. Jahrhunderts aus Rhode-Island-Hühnern, gelben Cochins und braunroten Malaien. Inwieweit die von Wandelt angeführten Shakebags, Rote Shangaes und Chittagongs Verwendung fanden, ist nicht geklärt.

Rassegeschichte: 1901 Einfuhr nach Deutschland durch W. Radtke, Berlin. Aufnahme in den USA-Standard 1904 und Rosenkämmige 1905. Spezialclub in den USA mit 1200 Mitgliedern 1907.

Form und Kopf: Rassetypische Backsteinform mit waagerechter Haltung und freiem Stand (Schenkel gut sichtbar). Die Rückenlinie ist völlig gerade. Breite Schultern und ausgefüllter Sattel. Mittlere Schwanzlänge, angehoben getragen; voller, jedoch nicht zu langer Behang. Besonders ausgeprägte Formmerkmale bei der Henne in Brust- und Bauchlinie. Mittelgroßer Stehkamm mit gesenkter Fahne, ohne auf dem Nacken aufzuliegen. Passende mittelgroße Kehllappen und rote Ohrlappen. Rosenkämmig zugelassen: Breit, fest aufsitzender Kamm mit kleinen Fleischperlen und kurzem gesenkten Dorn.

Farbenschlag: Ausschließlich gleichmäßiges, sattes Dunkelrot mit viel Glanz. Schwarze Zeichnung an Schwingen und Schwanz.

Besonderheiten: Rhodeländer sind äußerst leistungsstark. Die früheren Probleme der Wachstumshemmung des Gefieders sind überwunden. Beweglichkeit und Temperament wirken sich günstig bei der Futtersuche im Freilauf aus.

Perlgrau

Gold-porzellanfarbig

Ruhlaer Zwerg-Kaulhühner

Herkunft: Im „Klassiker-Buch der Rassegeflügelzucht“ von B. Dürigen ist diese Rasse schon 1905 beschrieben. Im thüringischen Ruhla und Umgebung wahrscheinlich um 1890 bis 1919 aus Zwerg-Kaulhühnern, Thüringer Zwerg-Barthühnern und Federfüßigen entstanden.
Rassegeschichte: Nach 1945 durch Initiative von G. Schneider, Viernau Aufschwung der Rasse. Unter Zuhilfenahme von Federfüßigen Zwergen und Antwerpener Bartzwergen entstanden in Westdeutschland bei E. Mang, Hasselroth und Th. Balbach, Seligenstadt, weitere Farbenschläge, jeweils mit und ohne Bart.
Form und Kopf: Die Körperhaltung ist mehr waagerecht, der Stand tiefer. Die sehr volle Sattelpartie am hinteren Rumpf unterstreicht die Schwanzlosigkeit. Im Gesamteindruck breite Schultern, volle und runde Brust, gut gefüllte Bauchpartie. Die Schenkel sind kurz befiedert und kaum mittellang. Die eher kurzen Läufe sind stark befiedert. Die Befiederung als „Fußwerk“ sitzt auf Läufen, Mittel- und Außenzehen. Klein sind Kämme und Kehllappen. Reinrote Ohrlappen und rotbraune Augen.

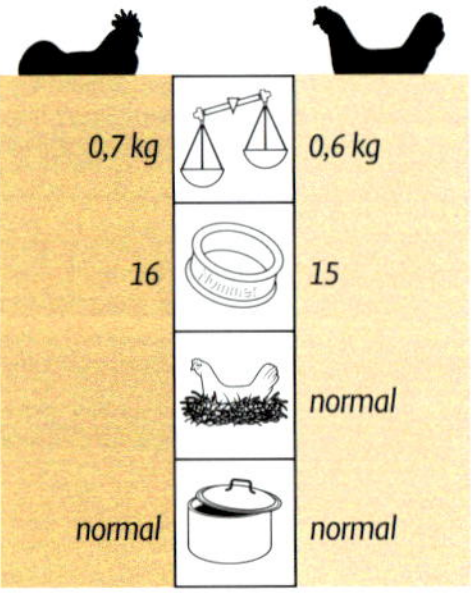

Farbenschläge: 1.4, 2.1, 2.4, 4.1, 4.5, 5.2, 5.5, 5.6, 5.7, 6.4, 10.9, 11.4, 11.5, 11.6, 11.8.
Besonderheiten: Zwerghuhn mit relativ geringer Verbreitung. Fehlen der Bürzeldrüse, der fünf freien Schwanzwirbel und des sechsten Wirbelgliedes (Pygostyl). Robustheit und leichte Aufzucht sind Vorzüge.

Gelb

Schwarz

Sachsenhühner

Herkunft: Um 1885 im Erzgebirge und in Oberbayern aus Kreuzungen von schwarzen Langschan, schwarzen Minorka und Sumatra entstanden.

Rassegeschichte: Die Einkreuzung von schwarzen Italienern brachte noch einmal Eleganz und Schnittigkeit. 1914 Musterbeschreibung für das „Sächsische Landhuhn". Gesperberte und Weiße resultierten aus der Verpaarung mit Reichshühnern, Leghorn und Rheinländern ab 1923. Verwendung von gelben Italienern und Orpington ab 1960. Zwischenzeitlich gab es Blaue und Silberhalsige.

Form und Kopf: Kennzeichnend ist die leicht ansteigende Rückenlinie, die ohne Unterbrechung in den ebenfalls leicht ansteigenden Schwanz übergeht, dieser beim Hahn gut mit Haupt- und Nebensicheln besetzt. Bei der Henne breit im Ansatz und nach hinten schmaler werdend. Brust und Bauch sind gut ausgeprägt, sodass eine volle Unterlinie entsteht. Schenkel und Läufe mittellang. Kopfbehänge recht klein, weiße Ohrscheiben.

Farbenschläge: 5.1, 5.5, 5.6, 6.1.

Besonderheiten: Die Rasse zeigt lebhaftes Temperament und recht gute Legeleistung. Leichte Aufzucht, Frühreife und „naturintelligentes" Verhalten. Weitere Verbreitung wäre wünschenswert.

2,5–3,0 kg		2,0–2,5 kg
20		18
		gut
normal		normal

Wildbraun

Wildbraun

Satsumadori

Herkunft: Benannt nach dem früheren Namen der Präfektur Kagoshima/Japan „Satsuma“. Stammtiere: Shamo und Shokoku. Frühere Originalbezeichnungen: Ojidori (großes Landhuhn) und Kentzukedori (Messerfechter).

Rassegeschichte: In Europa zunächst in Holland und Belgien; seit 1996 in Deutschland.

Form und Kopf: Sehr großes Huhn mit muskulösem Körperbau. Die Rumpfhaltung ist nach Kämpferart aufgerichtet. Der mittellange Rücken verschmälert sich zum Schwanz hin. Auffallend breite, angehoben getragene und vorstehende Schultern. Das Schmuckgefieder des Hahnes ist gut entwickelt. Der sehr lange Schwanz, gebildet aus leicht ansteigenden, schirmartig gewölbten und gespreizten Steuerfedern und langen und schmalen Sicheln senkt sich bis fast zum Boden hin. Auch die Henne zeigt den gewölbten und gefächerten „Schirmschwanz“. Mittelhoher Stand, gebildet aus den stark bemuskelten, hervortretenden Schenkeln und den gut mittellangen Läufen. Der Stand ist breit. Dreireihiger Erbsenkamm mit leicht aufstrebendem Ende, kleine rote Ohrlappen und nur angedeutete Kehllappen. Hellorange bis hellgelbe Augen. Betonte Augenbrauen.

Hahn		Henne
3,0–3,5 kg	Gewicht	2,2–2,7 kg
20	Ring	18
	Legeleistung	normal
normal	Fleisch	normal

Farbenschläge: 1., 2., 5.5.

Besonderheiten: Altes japanisches Kulturgut, das auch in europäischen Zuchten unvermischt bleiben sollte. Sehr eindrucksvolle Präsentation, besonders der Hähne in Erregung.

Gold

Silber

Sebright

Herkunft: Ab 1880 in England bei Sir John Sebright, anfangs als Gold- und Silberbantam bezeichnet. Sebright verwendete einen rötlich gefärbten, hennenfiedrigen Hahn, gelbe, blaubeinige Nangking-Bantamhennen und goldfarbige, gesprenkelte Hamburger Hennen und Goldpaduaner.

Rassegeschichte: Benennung der Rasse nach ihrem Herauszüchter erst um 1850. Gründung des deutschen Sebright-Clubs 1926.

Form und Kopf: Abgerundeter, gedrungener Rumpf, flacher und kurzer Rücken, breit angesetzter Schwanz. Die oberen Schwanzdeckfedern beim Hahn dürfen die übrigen leicht überragen. Sonst fehlen Neben- und Hauptsicheln. Der Schwanz bei beiden Geschlechtern gut gespreizt. Die einzelne Feder möglichst breit mit abgerundeten Ecken. Die Schwingen werden gesenkt getragen. Trotz „Zartheit“ muss die Schulterpartie etwas hervortreten. Die hoch getragene Brust ist relativ breit, der Bauch nur mäßig entwickelt. Schenkel und Läufe sind nur kurz bis mittellang. Der mittelgroße Rosenkamm muss auf dem Schädel fest aufsitzen. Vorne breit, nach hinten keilförmig, geperlt, nach hinten schmaler Dorn. Rote Ohrlappen, gut gerundete Kehllappen. Dunkel- bis schwärzlich braune Augen.

0,6 kg	0,5 kg
11	9
	normal
normal	normal

Farbenschläge: 7.1, 7.2.

Besonderheiten: „Keckes“ und „quirliges“ Zwerghuhn als sehr beliebte Schaurasse. Trotz Kleinheit erstaunliche Vitalität und Robustheit. Durchschnittliche Jahreslegeleistung pro Henne: 80 Eier.

Schwarz

Weiß

Seidenhühner

Herkunft: Erwähnung durch Aristoteles (384–322 v. Chr.) als Hühner mit „Katzenhaar“. In der chinesischen Tang-Dynastie (618–907 n. Chr.) werden „Schwarzknochenhühner“ beschrieben, die zu medizinischen Zwecken verwendet wurden. Ursprünglich im südlichen China (Provinz Jiangxi), dort auch als „Wollhuhn“ bezeichnet.
Rassegeschichte: Marco Polo sah Seidenhühner um 1270 in Südchina. Im Mittelalter in Europa nachweisbar als „Gauklerhuhn“ (Kreuzung aus Kaninchen und Huhn).
Form und Kopf: Allseits abgerundete Form durch breiten, würfelförmigen Rumpf, kurzen breiten Rücken mit etwas hervortretenden Schultern. Die Unterlinie: sehr voll, breite Brust, flaumig befiederte Bauchregion, angehoben getragener Schwanz mit Steuerfedern und Hauptsicheln, mit geschlossenen Federfahnen, am Ende aber doch zerschlissen. Schenkel sind kurz, gut befiedert; Läufe knapp mittellang. Die Henne zeigt hinter dem walnussförmigen Kamm einen kleinen, haubenartigen Schopf. Beim Hahn sind dort etwas längliche Seidenfedern. Bei Bärtigen voller, ungeteilter Kehl- und Backenbart. Augenfarbe schwarzbraun. Schwarzbraune Farbe an Haut, Knochen und den inneren Organen. Fünfzehigkeit: Die fünfte Zehe soll von der vierten deutlich getrennt sein.

1,0 kg		0,8 kg
16		15
		normal
normal		normal

Farbenschläge: 1., 2.3, 5.1, 5.2, 5.3, 5.5, 5.6, 5.7.
Besonderheiten: Ausgesprochenes Zier- und Ausstellungshuhn mit guten Bruteigenschaften.

Fasanenbraun

Schwarz-weiß-gescheckt

Shamo

Herkunft: Der Rassename bedeutet im Japanischen Kämpfer. Stark unterschiedliche Typen in Größe und Gewicht. Aus China nach Japan in der Heian-Dynastie (794–1186 n. Chr.) eingeführt. Im 16. Jahrhundert weitere Einfuhr nach Japan aus Siam. Importe nach Deutschland durch Baronin von Ulm-Erbach 1891. Seit 1951 weitere Verbreitung durch Hagenbeck-Importe.

Form und Kopf: Sehr breiter Rumpf, besonders in den eckig vorstehenden, hoch gezogenen Schultern. Rücken lang, breit und völlig gerade (wichtiger Unterschied zum Malaien!). Fast senkrecht aufgereckte Haltung. Stand hoch. Kurzes, dichtes Gefieder, das auch im gesenkt getragenen Hahnenschwanz eher spärlich wirkt. Die Sicheln und Steuerfedern können aber verlängert sein. Der sehr lange Hals wird nach hinten bogig getragen. Die Henne ist in der Haltung etwas flacher. Kämpferausdruck in den Kopfpunkten: breiter, gewölbter Schädel mit kleinem Erbsenkamm; nur angedeutete oder fehlende Kehllappen, rote, sehr kleine Ohrlappen. Stark gekrümmter, kräftiger Schnabel. Über den perlfarbigen bis orangegelben Augen starke Wülste. Auf den kurzen, breiten Flügeln sind die nackten Flügelknochen (Rosen) sichtbar.

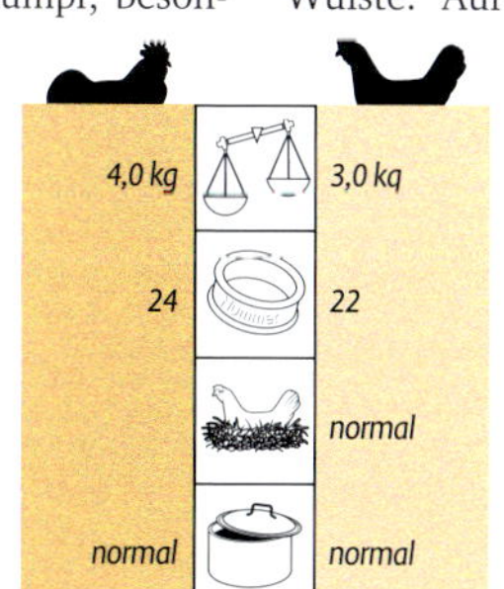

Farbenschläge: 1., 1.4, 1.8, 1.12, 1.14, 1.19, 1.24, 1.26, 2.4, 2.5, 2.8, 5.3, 5.5, 6.1, 7.10, 10.7, 11.2, 11.3.

Besonderheiten: Shamo sind seit 1951 in Japan durch den Staat unter Aufsicht für Kulturschutz genommen.

Siamesische Zwerg-Seidenhühner

Herkunft: In der Fachliteratur wird seit 1897 ein Seidenhuhn mit „gewöhnlicher" Haut- und Fleischfarbe beschrieben. Die genaue Herkunft ist unbekannt.

Rassegeschichte: Frühere, hellhäutige Seidenhühner sollen einfachkämmig, gelbläufig gewesen sein und geringe Schopfbildung gezeigt haben. Um 1905 war diese Spielart des uralten schwarzhäutigen Seidenhuhns in Europa anscheinend kaum noch vorhanden. Wiedererzüchtung durch S. Neumann, Oyten, 1989. Einkreuzung einer weißen Zwerg-Cochin-Henne. 1996 erste Vorstellung auf einer Schau.

Form und Kopf: Die breite, abgerundete Würfelform entsteht durch den kurzen, nach hinten ansteigenden Rücken, die sehr volle Brust und den reich befiederten Bauch. Die Federstruktur unterscheidet sich bei hochrassigen Tieren nicht von den großen Seidenhühnern und den dunkelhäutigen Zwergen. Die rote Gesichtsfarbe, die gelben Läufe und die helle Haut machen den entscheidenden Unterschied. Die Augenfarbe ist orange bis orangerot. Fünfzehigkeit wird verlangt.

Farbenschlag: Ausschließlich weiß; leicht gelber Anflug im Schmuckgefieder des Hahnes gestattet.

Besonderheiten: Wie die ältere Zuchtform haarähnliches Gefieder. Keine bärtige Variante. Sehr geringe Verbreitung. Ausgezeichnete Eigenschaften als Brüterin und Glucke.

Hahn		Henne
0,6 kg		0,5 kg
12		12
		normal
normal		normal

Spanier

Herkunft: Ob es sich bei den weißgesichtigen Hühnern der Hugenotten um 1680 um Vorläufer der Spanier-Hühner handelte, ist unsicher. Ursprungsgebiete der Spaniervorfahren: Westindien. Wahrscheinlich mehrere Landhuhnschläge in den Mittelmeergebieten um 1815. Von Altkastilien Ausfuhren nach USA, Kanada und 1844 nach Deutschland. Englischer Sonderverein 1867. Wiedergründung des deutschen Sondervereins 1953.

Form und Kopf: Die Figur ist walzenförmig gestreckt und fällt leicht nach hinten ab. Für die Henne gilt: „vollschlanke Walzenform“. Breite, abgerundete Schultern, mäßig langer Rücken, gut gewölbte, hoch getragene, aber nicht zu breite Brust und möglichst gut ausgeprägte Bauchlinie bilden den Körperrahmen. Der Hahnenschwanz ist nur mit mittellangen Sicheln besetzt und wird angehoben getragen. Der Stand erscheint durch die langen Schenkel und die feinknochigen Läufe gut mittelhoch. Wichtig sind die Kopfpunkte: Gesicht und Ohrscheiben bilden eine glatte, reinweiße, glacélederartige Fläche. Die Kehllappen sind relativ groß. Mittelgroßer Einfachkamm, bei der Henne darf er hinten seitlich geneigt sein.

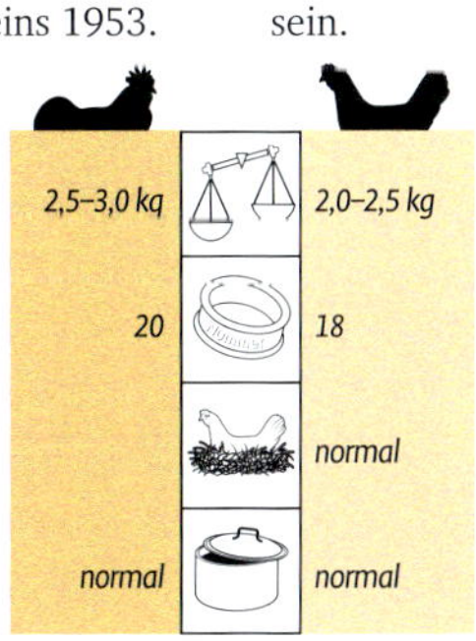

Farbenschlag: Ausschließlich schwarz mit grünem Glanz.

Besonderheiten: Die einzigartige Gesichtsfarbe bietet züchterische Anreize. Zahlenmäßig sind Spanierhühner in Deutschland Seltenheiten. Große, weißschalige Eier. Wenig Bruttrieb. Lebhaftes Temperament. Schützenswerte Rarität.

Blau

Schwarz

Strupphühner

Herkunft: Vor mehr als 200 Jahren aus Südasien nach England und Holland eingeführt. Um 1900 in den Balkanländern verbreitet.

Rassegeschichte: In den USA seit 1874 im „Standard of Perfection" als „Frizzle" beschrieben. Zwischenzeitlich Zulassung einer federfüßigen Variante. Inzwischen im deutschen Standard als Großrasse enthalten.

Form und Kopf: Kräftiges Landhuhn mit breiter, etwas gedrungener Form. Breite Schultern, nur mittellanger Rücken, etwas ausladende Brust- und Bauchregion und volle Befiederung bilden die Abrundungen. Das Gefieder ist in den Handschwingen zerschlissen und in den Steuerfedern und Sicheln gewellt. Die Biegung zum Hals hin ist ausschlaggebend bei der Bewertung. Besonders die nach vorne gerichteten Halsfedern sind rassetypisch. Der Stand erscheint eher tief durch die im Gefieder verborgenen Schenkel. Kopfpunkte ohne Besonderheiten: einfachkämmig, leuchtend rote Ohrlappen.

3,0–3,5 kg		2,0–2,5 kg
20		18
		normal
normal		normal

Farbenschläge: 5.1, 5.3, 5.5, 6.1.

Besonderheiten: Durch den Rückgang der Bestände in England auch in Europa bedroht. Umso wichtiger sind die in Deutschland sich in den Anfängen befindlichen Zuchten. Die Hennen gelten als gute Legerinnen und fürsorgliche Glucken.

Weizenfarbig

Weizenfarbig

Sulmtaler

Herkunft: Zur Kapaunenerzeugung um 1800 in der Steiermark herausgezüchtet.

Rassegeschichte: Ab 1865 Einkreuzungen von Cochin, Brahma und Langschan. Dadurch ging der ursprüngliche Masthuhntyp fast verloren. Erst die Verwendung von Houdan und Dorking erbrachte wieder gesteigerte Fleischqualität. Ab 1907 Rassenamen durch den Schweizer Züchter A. Arbeiter. Altsteirer-Verpaarungen führten zu gelungenen Rückzüchtungen des einstigen Tafelhuhnes.

Form und Kopf: Als „vierschrötiges Landhuhn" bezeichnet. Voller, tiefer, breiter Rumpf in Kastenform. Betonte Unterlinie durch die tiefe Brust und die volle Bauchpartie. Schwanzhaltung im rechten Winkel; Befiederung dort mittellang, aber breitfedrig mit vielen Nebensicheln. Aufrecht stehender Kamm, der bei der Henne im Vorderteil den „Wickelkamm" aufweisen muss (vorne wellenförmig gefaltet). Kleiner Federschopf, bei der Henne etwas ausgeprägter. Kleine weiße Ohrscheiben, auch rot-weiß erlaubt. Orangerote Augenfarbe. Kaum hervortretende, gut bemuskelte Schenkel und mittellange Läufe.

Farbenschläge: 1.12, 5.5.

Besonderheiten: Dreifache Vorteile: rassebetonte Ausstellungszucht, hohe Legeleistung, leichte Mästbarkeit bei ausgezeichneter Futterverwertung. Gehört inzwischen zu den seltenen Rassen, daher förderungswürdig.

Sultanhühner

Herkunft: Bereits 1838 wurde in einem Lexikon eine Rasse beschrieben: „Federbusch“ auf dem Kopf, Federbart statt Kehllappen. In Deutschland waren sie als „Blaugraue Türken“ bekannt. Weiße Originaltiere aus Konstantinopel gelangten 1854 nach Belgien als „Serail Tä-uk“.

Rassegeschichte: Um 1900 gelten die „Türkischen Haubenhühner“ als „mutmaßliche Stammrasse“ für die russischen Bart-Haubenhühner (Dürigen).

Form und Kopf: „Puppige“ Figur durch ziemlich kurzen, breiten, tiefen und waagerecht getragenen Rumpf. Rücken breit und kurz. Nach vorne gewölbte breite Brust. Etwas lose und abwärts gerichtete Flügelhaltung. Volle Bauchlinie. Hahnenschwanz breit mit hoher Haltung. Die Hauptsicheln sind säbelförmig. Die breit angesetzten Schenkel sind üppig befiedert und bilden die sogenannten Stulpen. Die recht kurzen Läufe sind an der Außenseite befiedert. Besondere Kopfpunkte: kurzer, stark gebogener Schnabel mit aufgeweiteten Löchern, runde, dichte, manchmal gescheitelte Haube, die nicht sichtbehindernd sein darf. Kleiner hörnerförmiger Kamm mit v-förmig angeordneten Fleischzapfen. Die kleinen Kehllappen sind vom zottigen Knebelbart verdeckt. Runder Backenbart. Die fünfte Zehe von der vierten gut getrennt. Die Augenfarbe ist rötlich braun.

1,5–2,0 kg		1,0–1,5 kg
18		16
		normal
normal		normal

Farbenschlag: Ausschließlich weiß, leichter gelber Anflug.

Besonderheiten: Die Kopf- und Fußbefiederung bedarf besonderer Pflege.

Schwarz

Schwarz

Sumatra

Herkunft: Eine der ältesten Hühnerrassen der Welt. Erstimporte von Sumatra in die USA 1847. Um 1890 Beobachtungen auf Sumatra, Java und Borneo von wild lebenden, d.h. verwilderten ehemaligen Haushühnern.

Rassegeschichte: Ob die schon 1840 in der US-Literatur erwähnten schwarz-weiß gefleckten „Sumatra-Games" identisch sind mit den „Ayam Sumatra-Kämpfern", ist unerklärt. In den Heimatgebieten wurden die Vorläufer der Sumatra als „Ayam Gallak" bezeichnet. 1870 Einfuhr nach England, 1882 in Deutschland. 1920 Gründung des deutschen Sondervereins.

Form und Kopf: Durch die vorstehenden Schultern, den gestreckten Rumpf und den freien Stand kommt das Kämpfererbe zum Vorschein. Leicht abfallend ist die Rückenlinie. Sehr federreich mit Sicheln, die in der zweiten Hälfte gebogen sein müssen, eingehüllt von vielen seitlichen Deckfedern ist der Hahnenschwanz. Auch die Henne zeigt den langen, waagerecht getragenen Schwanz mit breiter Befiederung. Rassetypisch ist die schwärzliche Gesichtsfarbe. Auch der kleine Erbsenkamm, die sehr kurzen Kehllappen und die dünnen Ohrlappen sollen so gefärbt sein. Die Augenfarbe ist dunkelrotbraun. Die hochrassigen Hähne tragen Mehrfachsporen. Auch die Hennen dürfen Sporen zeigen.

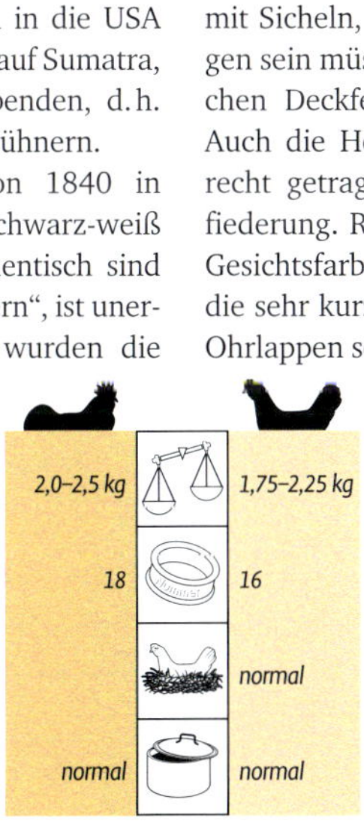

Farbenschläge: 1., 1.8, 5.1.

Besonderheiten: Hoher Schauwert aufgrund der eleganten Figur, dem ausgeprägten Grünlack und der üppigen Befiederung.

Gold-weizenfarbig

Schwarz

Sundanesische Kämpfer

Herkunft: Zu den Ahnen gehören wahrscheinlich die langschwänzigen Ayam Sumatra und die hochbeinigen AyamTolake, beides Kämpferschläge aus Indonesien.

Rassegeschichte: Aus diesen Mischtypen setzten sich die Stämme zusammen, die ab 1970 in den Niederlanden züchterisch bearbeitet wurden. 1993 existierten kleine Stämme in Belgien, ein Jahr später gelangten Zuchttiere nach Deutschland.

Form und Kopf: Aufgerichtete Haltung, mittelhoher Stand, lange, schlanke Halspartie sind Kennzeichen. Der Rumpf wird nach hinten deutlich schmaler, sodass die breiten Schultern wie eine Front wirken. Der Rücken ist flach, die Flügel werden etwas gesenkt getragen und zeigen auch damit gute Flugeigenschaften an. Die Schwanzhaltung ist waagerecht. Wenig breit die Brust, knappe Befiederung an der rückgebildeten Bauchregion. Die mittellangen Schenkel sind muskulös und treten deutlich hervor. Der Stand ist breit. Auf dem recht breiten Schädel mit den hervortretenden Augenbögen sitzt der kleine, dreireihige Erbsenkamm. Möglichst ohne Kehllappen, dafür gut sichtbare Kehlwamme. Kleine, rote Ohrlappen und hellorange bis perlfarbige Augen.

2,5–3,0 kg		2,0–2,5 kg
20		18
		normal
normal		normal

Farbenschläge: 1.12, 5.1.

Besonderheiten: Diese junge, in Europa geformte Rasse benötigt noch weitere Durchzüchtung. Ausgeprägte Wildheit und Fluchtdynamik sind Anzeichen der Eigenständigkeit im Freileben. Unverfälschtes Naturell im wildhuhnähnlichen Charakter.

Sundheimer

Herkunft: Älteste deutsche Zwiehuhnrasse; Rassename von der Ortschaft Sundheim bei Kehl/Rhein. Ab 1850 Herauszüchtung aus bodenständigen Landhühnern und Kreuzungstieren aus Houdan und Faverolles („Wanzenauer“).

Rassegeschichte: Einkreuzungen von Dorking, Brahma, Cochin und „hermelinfarbenen“ Faverolles. Typumwandlung 1966. Neugründung des Sondervereins 1978.

Form und Kopf: Der waagerechte Rumpf zeigt in seinen Breiten- und Tiefenverhältnissen den Leistungstyp. Mittellange und flache Rückenlinie; allerdings ist ein leichter Anstieg in der Sattelgegend rassetypisch, besonders bei der Henne. Die Unterlinie ist vorne durch die breite, vorgewölbte Brust und hinten durch den weit ausladenden Bauch begrenzt. Nur knapp mittellang sind die kräftigen Schenkel und die breitstehenden Läufe. An deren Außenseite leichte Befiederung bis über die Außenzehen. Einfacher, kleiner Kamm, ohne auf der Nackenlinie aufzuliegen. Stehkamm auch bei der Henne. Kurze, rundliche Kehllappen und rote Ohrlappen von dünner Struktur. Die Augen sind orangerot bis rot.

Hahn		Henne
3,0–3,5 kg	Gewicht	2,0–2,5 kg
22	Ring	20
	Brut	gut
sehr gut	Fleisch	sehr gut

Farbenschlag: Ausschließlich weiß-schwarzcolumbia (hell).

Besonderheiten: Sundheimer zählen zu den seltenen Rassen in Europa. Beliebt sind sie bei Züchtern, die sich auch wirtschaftlich orientieren. Ihr feines Tafelfleisch ist begehrt. Die Jungtiere wachsen bei richtiger Versorgung erstaunlich schnell heran.

Weiß-schwarzcolumbia

Braun-porzellanfarbig

Sussex

Herkunft: Seit Beginn des 19. Jahrhunderts Zuchtversuche mit Dorking, Cochin und Brahma in den südenglischen Grafschaften Kent, Surrey und Sussex. Fleischlieferanten für die Londoner Märkte.

Rassegeschichte: Gründung des englischen Sondervereins 1903. In dieser Zeit Einfuhr nach Deutschland. 1903 erste Darstellung in der Literatur. Die Farbe war noch mehr gelb und braun als hell. 1907 Import der Roten. Gründung des „Vereins Deutscher Sussex-Züchter“ 1907 in Hannover.

Form und Kopf: Der Körper ist kastenförmig ausladend in einem Verhältnis Tiefe zur Länge 1 zu 1,5. Die Oberlinie wird durch den breiten und langen Rücken in waagerechter Haltung, die Unterlinie durch die tiefe und breite Brust und die nach hinten ausladende Bauchregion gebildet. Breiter Schwanzansatz mit vielen Sicheln, ohne extreme Länge beim Hahn. Die Henne wirkt noch gedrungener und im Stand tiefer. Aufrecht stehender Einfachkamm von feiner Struktur. Feinhäutige Kehllappen, kleine, rote Ohrlappen. Die Augenfarbe ist orangerot.

Farbenschläge: 1.3, 2.3, 4.1, 4.5, 4.10, 11.1.

Besonderheiten: Die schon erwähnten Nutzeigenschaften stehen neben der Bedeutung als weit verbreitetes Ausstellungshuhn im Vordergrund. Frohwüchsigkeit und Winterhärte begünstigen Aufzucht und Legeleistung im Winter. Harmonische Gesamterscheinung in der Figur und den Farbbildern.

Schwarz

Gold-schwarz getupft

Thüringer Barthühner

Herkunft: Erste Beschreibung durch Bechstein 1793. Angeblich Vorkommen anfangs nur im „Thüringer Waldstädtchen Ruhla". Um 1880 schon zwölf verschiedene Farbenschläge. Standardentwurf schon 1898.

Rassegeschichte: Nach 1945 fast völliger Zusammenbruch der Zuchten. Vorher soll es auch Gelbgetupfte und Tollbunte gegeben haben. Damaliger Name: „Thüringer Pausbäckchen". Anzunehmen sind Paduaner und die damals in West-Thüringen bodenständigen „Otterköpfe" als Ausgangstiere.

Form und Kopf: In leicht abfallender Haltung erscheint der gedrungene Körper mit den breiten Schultern und der vollen Brust- und Bauchpartie. Die kaum mittellangen Schenkel und die Läufe in „normaler" Höhe bilden den Stand. Die Kopfpunkte sind bedeutsam bei der Bewertung: Kaum mittelgroßer Stehkamm mit waagerechter Fahne, der volle, länglich runde, ungeteilte Bart mit den seitlichen Pausbacken verdeckt die kleinen Kehllappen und die Ohrscheiben. Zum Bart gehört der etwas nach hinten gebogene, volle Halsbehang, der bei der Henne als „Federkrause" ausgebildet sein muss. Die Augenfarbe ist je nach Farbenschlag verschieden.

Farbenschläge: 1.1, 5.1, 5.4, 5.5, 5.6, 6.1, 10.1, 10.2, 10.3.

Besonderheiten: Edle Landhuhnform mit lebhaftem Temperament. Interessante Kopfpunkte. Wertvolles züchterisches Kulturgut. Weitgehende Selbstversorgung mit Futter bei freiem Auslauf.

Silber-schwarz getupft

Schwarz

Thüringer Zwerg-Barthühner

Herkunft: In der Umgebung von Jena und Berlin-Lichtenfeld Ende des 19. Jahrhunderts durch Verwendung der Großrasse, von Zwerg-Wyandotten und Landhuhnzwergen erzüchtet.

Rassegeschichte: Spätere Einkreuzung von Antwerpener Bartzwergen, Bantam und Deutschen Zwerg-Langschan zur Erzielung des schwarzen Farbschlages. Weitere Rassenverwendung: Deutsche Zwerg-Lachshühner, Deutsche Zwerge, Zwerg-Rheinländer und Federfüßige Zwerghühner mit Bart. Im Frankfurter Raum entstanden Rote; bei G. Schneider, Viernau, Gesperberte.

Form und Kopf: Der Rassename rührt von der vollen, ungeteilten Bartbildung her. Die frühere Bezeichnung „Pausbacken" bringt das zutreffend zum Ausdruck. Volle Halsbefiederung und Federkrause im Nacken der Henne. Kräftiger, walzenförmiger Rumpf mit gedrungenen Proportionen, leicht abfallende Rückenlinie. Die Besichelung soll breit sein. Breite, abgerundete Brustpartie und etwas locker getragene Flügel. Kurze, straff befiederte Schenkel, kaum mittelhohe Läufe. Fein gezackte Stehkämme; der Hennenkamm darf leicht geneigt sein. Kehl- und Ohrlappen ohne Bedeutung.

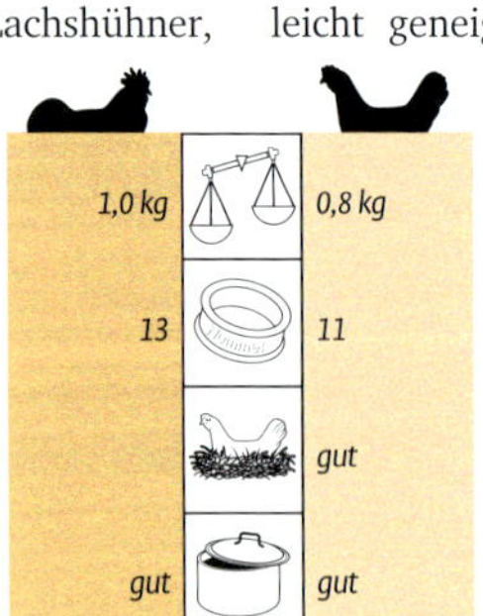

Farbenschläge: 1.1, 5.1, 5.3, 5.5, 5.6, 5.7, 6.1, 10.1, 10.2, 10.3.

Besonderheiten: Zunehmende Beliebtheit, auch außerhalb des Thüringer Heimatgebietes. Rentable Leistungserträge durch gute Futterverwertung und Widerstandsfähigkeit.

Tomaru

Herkunft: Zu den Ahnen gehören kampfhuhnartige Langkräher, die aus China nach Japan eingeführt wurden.

Rassegeschichte: Weiterentwicklung der „Otomaru". Gewünscht wurde ein langer Krähruf, den die Tomaru Ende des 19. Jahrhunderts hervorbrachten. 1986 Import der Weißen nach Europa. 1994 Einfuhr des dominierenden schwarzen Farbschlags nach Deutschland.

Form und Kopf: Eleganter Typ mit fließenden Linien. Rumpf kräftig, breit und wirkt gestreckt. Langer Rücken und breite Schultern. Der Hahnenschwanz ist mit breiten, langen und am Ende gut gerundeten Sicheln besetzt. Die Brustlinie geht nicht tief, ist aber nach Kämpferart leicht gewölbt. Kräftige, hervortretende Schenkel und breit gestellte Läufe. Außer dem Gesicht sind auch Kamm (einfacher Schnitt mit 4 bis 6 Zacken) und die Ohrlappen dunkel („maulbeerfarbig"). Die Kehllappen sind nur in Gesichtsnähe dunkel angelaufen. Dunkelbraune Augen. Die Kammfarbe der Henne hellt sich nach dem Beginn der Legereife deutlich auf und wird mehr dunkelkarminrot.

Farbenschlag: Ausschließlich schwarz mit Grün- oder Blaulack.

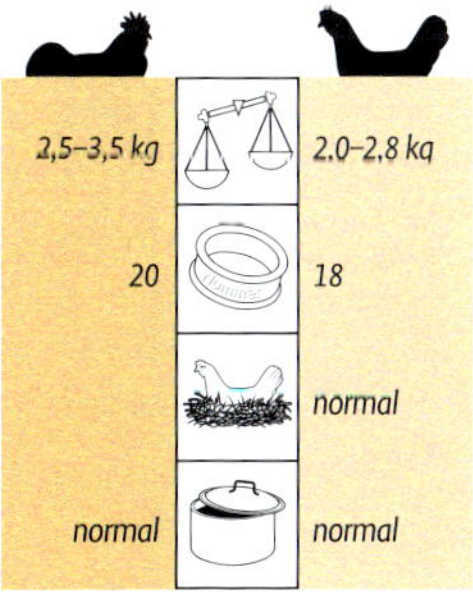

Besonderheiten: Tomaru sind altes japanisches Kulturgut und seit 1939 dort als „Naturdenkmal" geschützt. Der wohltuende Krähruf dauert mindestens 7 Sekunden, kann aber bis zu 23 Sekunden lang sein. Bei Krähleistungswettbewerben wird außer der Länge auch die Stimmlage und Intonierung gewertet.

Goldhalsig

Goldhalsig

Totenko

Herkunft: In der Literatur erstmals 1879 erwähnt, vermutlich aber viel ältere Rasse. Nach neueren Genanalysen wahrscheinlich verwandt mit Onagadori und Totenko. Rassename bedeutet so viel wie „Dämmerungskräher – östlicher Himmel".

Rassegeschichte: Aufnahme in den japanischen Standard 1913. Nach Deutschland erstmals eingeführt 1989. Zunächst wurde die offizielle Anerkennung verweigert wegen der angeblichen Identität mit dem Phönix. Inzwischen sowohl auf Langkräherwettbewerben als auch auf Rasseschauen vertreten.

Form und Kopf: Totenko sind in der Regel im Habitus stärker als die Phönix, wenn auch die Rumpflinien Schlankheit ausdrücken. Der lange Rücken fällt leicht ab und zeigt einen Winkel zum ansteigend getragenen Schwanz. Auch bei der Henne sind die Schwanzdeckfedern sichelartig gebogen und überragen die Steuerfedern. Weiteres Unterscheidungsmerkmal zur Phönixrasse: relativ große, runde Ohrscheiben. Die Unterlinie wird durch die breite und volle, hoch getragene Brust und den wenig ausgeprägten Bauch gebildet. Mittelgroßer Einfachkamm mit gesenkter Fahne. Die Kehllappen sind nur mittelgroß. Orangerote Augen.

Farbenschlag: Ausschließlich goldhalsig.

Besonderheiten: Der Krähruf dauert 15 bis 20 Sekunden. In Japan werden Hähne, die nicht länger als 7 Sekunden krähen, bei Wettbewerben disqualifiziert.

Hahn		Henne
1,8–2,3 kg		*1,3–1,8 kg*
16		*15*
		normal
normal		*normal*

Gold-weizenfarbig

Schwarz

Tuzo

Herkunft: Wahrscheinlicher Ursprung in Japan. Die japanischen Adligen sollen schwarze Tuzos, das einfache Volk dagegen weiße und wildfarbige gezüchtet haben. Älteste Erwähnung bei C. A. Finsterbusch 1928. Rassename in Japan aber unbekannt. Nach Wandelt sind Tuzos eigenständige amerikanische Züchtung.

Rassegeschichte: Die Rasse kann in den Heimatgebieten nicht mehr exakt zurückverfolgt werden. 1965 Import von Bruteiern aus den USA nach Holland. 1979 Ankunft schwarzer Tiere bei Detering/Bielefeld. 1983 Aufnahme in den deutschen Standard.

Form und Kopf: Mittellanger Rumpf mit stark abfallender Rückenlinie in völlig geradem Verlauf. Hochgezogene, abstehende Schultern und starke Verjüngung in der Sattelgegend. Kurzer Hals- und Sattelbehang. Dagegen ist der Hahnenschwanz recht lang besichelt und wird gesenkt getragen. Nackte Flügelknochen (Rosen) auf den kurzen, breiten Flügeln. Kaum entwickelte Bauchpartie. Die Henne ist in der Körperhaltung etwas flacher. Fein geschuppte Läufe mit starker Sporenbildung und gut muskulöse Schenkel, in den Fersengelenken etwas eingebogen. Überhöhte Augenbrauen und perlfarbige bis gelbliche Augenfarbe. Breite Stirn, dreireihiger, kleiner Erbsenkamm. Die Gesichtsfarbe der Henne ist regulär dunkler.

1,2 kg		1,0 kg
16		15
		normal
normal		normal

Farbenschläge: 1.12, 5.1, 5.5.

Besonderheiten: Interessante Schaurasse, Kämpfer im Kleinformat.

Vogtländer

Herkunft: Vorstellungen von einem greifvogelgeschützten Huhn gehen zurück bis etwa 1920. Um 1960 von dem Züchter M. Neudeck im Vogtland aus Andalusiern, Dominikanern und schwarzen Rheinländern erzüchtet.

Rassegeschichte: Spätere Einkreuzung von rebhuhnfarbigen Rheinländern und Welsumern. 1973 Aufnahme in den Standard.

Form und Kopf: Mittelgroßer, kräftiger Landhuhntyp, der in der Figur an die Rheinländer-Rasse erinnert. Lang gestreckter Rumpf mit breiten Schultern und leicht abfallende Rückenlinie. Betonte Brust- und Bauchregion. Etwas aufrecht getragener Schwanz; beim Hahn mit nur mittellangen Sicheln besetzt. Schenkel wenig sichtbar, Läufe mittelhoch. Kleiner, fast glatter Rosenkamm mit kleinem, geraden Dorn, der etwas abgeplattet sein darf. Kleine, gerundete Kehllappen und weiße Ohrscheiben, leicht gerötet zugelassen. Die Augen sind dunkelbraun.

2,0–2,5 kg		1,75–2,25 kg
18		16
		gut
normal		normal

Farbenschlag: Grundfarbe ist mausgrau, bei der Henne über den ganzen Körper gehend. Jedoch Halsbehang etwas dunkler und mit etwas Goldfarbe durchsetzt. Der Hahn trägt rotgoldenen Hals- und Sattelbehang.

Besonderheiten: Eine der jüngsten deutschen Rassen mit bisher geringer Verbreitung. Aufgrund des Heterosiseffektes recht gute Legeleistung. Guter Fluchtinstinkt. Farbaufspaltungen in der Nachzucht: 25 % Schwärzlinge, 50 % Mausgraue, 25 % Weißlinge.

Vorwerkhühner

Herkunft: Zuchtversuche ab 1900 mit Lakenfeldern, gelben Sussex, gelben Orpington und Andalusiern bei O. Vorwerk in Hamburg. Einkreuzung: Hitfelder Landhühner und Sotteghems.

Rassegeschichte: 1919 wurde die neue Rasse zugelassen. Weitere Zuchten in Sachsen und Schlesien. Wiederaufbau der Rasse in Thüringen und im Lausitzer Land nach 1945. In Westdeutschland Einkreuzungen von Rhodeländern, Orpington, Italienern, Ramelslohern und Andalusiern. Tiefrote Vorwerk gab es zwischenzeitlich in Leipzig im Jahr 1959, erloschen aber wieder.

Form und Kopf: In guter Breite und Tiefe erscheint der Rumpf im abgerundeten Rechteckschnitt. Breiter, nach hinten leicht abfallender Rücken. Stumpfwinklige Schwanzlinie. Hahnenschwanz mäßig geschlossen und mittellang besichelt. Die Henne zeigt Brust und Bauch noch voller. Der Stand ist mittelhoch. Gleichmäßig gezackter Stehkamm beim Hahn, bei der Henne kann die Fahne zur Seite geneigt sein. Weiße Ohrscheiben mit rotem Rand. Orangegelbe bis orangerote Augen.

Hahn		Henne
2,5–3,0 kg	Gewicht	2,0–2,5 kg
20	Ring	18
	Brut	gut
gut	Fleisch	gut

Farbenschlag: Ausschließlich tiefgoldgelbes Rumpfgefieder mit schwarzem Halsbehang. Im Sattel des Hahnes sitzen feine schwarze Schaftstriche. Schwarze Innenfahnen in den Schwingen. Steuerfedern bei beiden Geschlechtern schwarz. Besichelung des Hahnes schwarz.

Besonderheiten: Leistungsstarkes Huhn in angenehmem Farb- und Zeichnungsbild.

Silber-wachtelfarbig

Silber-wachtelfarbig

Watermaalsche Bartzwerge

Herkunft: Zu Beginn des 20. Jahrhunderts in Belgien vermutlich aus Zwerg-Paduanern und Antwerpener Bartzwergen.

Rassegeschichte: Zuerst auf einer Ausstellung in Brüssel 1922 gezeigt. In der Brüsseler Vorstadtgemeinde Watermaal-Bosvoorde bildete der Erzüchter Antoine Dresse die Neuschöpfung. Um 1955 zum ersten Mal in Deutschland ohne längeren Bestand. Erst 1976 kamen die Wachtelfarbigen in deutsche Zuchten und wurden 1979 offiziell anerkannt.

Form und Kopf: Gegensatz zwischen Vorder- und Hinterkörper: kurzer, zurückgebogener Hals mit voller Befiederung, breite Schultern und volle, leicht vorgedrückte Brust. Der Schwanz leicht gefächert im stumpfen Winkel zum abfallenden Rücken. Die Hauptsicheln sind kurz und nur wenig gebogen. Besonders die Henne zeigt eine mähnenartig verlängerte, zurückgebogene Halsbefiederung. Der Stand ist durch die kurzen Schenkel und mittellangen Läufe eher tief. Kopfpunkte: hinter dem mittelgroßen, dreireihigen Rosenkamm mit dem Zweifachdorn sitzt der gut entwickelte, etwas aufwärts nach hinten gerichtete Schopf; bei der Henne stärker ausgeprägt. Voller, dreigeteilter Bart. Kehl- und Ohrlappen verdeckt. Augenfarbe unterschiedlich.

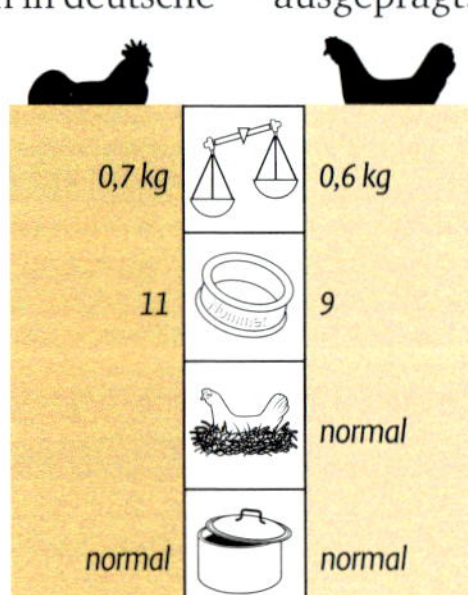

Farbenschläge: 4.13, 4.14, 4.15, 5.1, 5.3, 5.5, 5.6, 6.1, 10.7, 10.9, 11.4, 11.5.

Besonderheiten: Deutliche Unterscheidung zum Antwerpener Bartzwerg in dem einzigartigen Kamm mit dem zweifachen Ende.

Orangefarbig

Rost-rebhuhnfarbig

Welsumer

Herkunft: In den holländischen Orten Epe, Olst und Wijhe entwickelten Züchter seit 1911 aus Landhühnern, Orpington, Faverollos, Dorking, Cochin und Wyandotten einen Huhntyp, der große und dunkelbraune Eier legte.

Rassegeschichte: Vom Dorf Welsum aus der Züchterwerkstatt von A. Voorhorst erhielt die Rasse ihren Namen. Einkreuzung von Malaien, Brahma, rebhuhnfarbigen Leghorn, Barneveldern und Rhodeländern. Aufnahme in den holländischen Standard 1919. Import nach Deutschland 1924. Gründung des Spezialclubs 1927.

Form und Kopf: Nach Art der mittelschweren Rassen zeigen Welsumer den walzenförmig gestreckten Rumpf in waagerechter Haltung. Breiter Übergang zum Schwanz, beim Hahn mit nicht zu langen Sicheln. Beide Geschlechter tragen den Schwanz im stumpfen Winkel. Tiefe und volle Brust- und Bauchpartie. Sichtbare Schenkel, deutlich höher im Stand als die formverwandten Bielefelder. Die Kopfpunkte sind ohne Besonderheiten. Die Farbe der Ohrlappen ist im Standard nicht angegeben; sie muss aber bei Ausstellungstieren rot sein. Orangerote Augenfarbe.

Farbenschläge: 1.1, 3.4.

Hahn		Henne
3,0–3,5 kg	Gewicht	2,0–2,5 kg
20	Ring	18
	Legeleistung	sehr gut
gut	Fleisch	gut

Besonderheiten: Die dunkle Eischalenfarbe kann zwar nicht in der Intensität mit denen der Marans und Penedesenca konkurrieren, rangieren aber in der Beliebtheit weit vorn. Sehr gute Legeleistung, auch im Winter. Hohes Eigewicht von 80 bis 90 Gramm, gute Fleischnutzung.

Silber

Gold

Westfälische Totleger

Herkunft: Aus rosenkämmigen Sprenkelhühnern Anfang des 19. Jahrhunderts im Ravensberger Land erzüchtet. Im Unterschied zu den stehkämmigen, gesprenkelten Landhühnern in Ostfriesland und Belgien strebten die Züchter den weniger wetterempfindlichen kleinen Kamm an.

Rassegeschichte: Der Rassename entstand nach der Genehmigung der Musterbeschreibung 1904. Nach dem Ersten Weltkrieg ging die Rasse durch die Konkurrenz fremdländischer Leistungsrassen erheblich zurück. Gründung des Sondervereins und neue Förderung der Wirtschaftlichkeit dieser Rasse 1926. Der Rassename sollte nicht eine gefährliche, mortale Leistung ausdrücken, sondern die überdurchschnittliche Legetätigkeit.

Hahn		Henne
2,0–2,5 kg	Gewicht	1,5–2,0 kg
18	Ring	16
	Brut	normal
normal	Fleisch	normal

Form und Kopf: Allseits abgerundete Landhuhnform mit ausgefüllter Unterlinie (Brust und Bauch). Der Rücken ist mäßig lang und geht nach hinten etwas abfallend. Breite Schultern gehören zur kräftigen Figur. Der Hahn trägt den voll besichelten Schwanz hoch, sodass zum Sattel hin ein Winkel entsteht. Die Schenkel werden kräftig und mittellang, die Läufe feinknochig verlangt. Der fein geperlte Rosenkamm endet in einem dünnen, geraden oder etwas geneigten Dorn. Die kleinen Ohrscheiben sind bläulich weiß. Dunkelbraune Augenfarbe.

Farbenschläge: 7.1, 7.2.

Besonderheiten: Im Freilauf sehr gute Futtersucher. Frohwüchsigkeit in der Aufzucht. Lebhaftes Verhalten. Aparte Zeichnungsbilder.

Gestreift

Schwarz

Wyandotten

Herkunft: Vorläufer waren mittelschwere Hühner mit beliebter Zeichnung der Silbersebright, in den USA schon ab 1865. Aus den Ergebnissen, den „Amerikanischen Sebright“ oder „Sebright-Cochin“ entstanden silber-schwarz gesäumte schwere Hühner, die ab 1883 nach einem Indianerstamm benannt wurden.

Rassegeschichte: Zur Typ- und Farbbildfestigung wurden Chittagongs, Sebrights, Paduaner und Hamburger verwendet. Gold-schwarz gesäumte und Weiße wurden 1888 in den US-Standard aufgenommen. Um 1898 Herauszüchtung weiterer Farbenschläge in Deutschland durch Verwendung von Plymoth Rocks, Italienern, Langschan, Cochin, Orpington und Hamburgern.

Form und Kopf: Gedrungene Figur. Allseitige Breite. Die Rückenlinie geht hinter den Schultern leicht ausgebogen in den schön ansteigenden Schwung über. Volle Unterlinie durch tief gehende Brust und gut entwickelte Bauchregion. Nur mittellange, aber gut sichtbare Schenkel und mäßig lange Läufe. Schwanz beim Hahn kurz und breit. Der Hinterkörper der Henne wird mit gutem Anstieg und flaumreicher Ausfüllung gewünscht. Fein geperlter Rosenkamm mit gesenktem schmalen Auslauf. Rote Ohrlappen und nicht zu lange Kehllappen. Augenfarbe orangerot.

Hahn		Henne
3,4–3,8 kg	Gewicht	2,5–3,0 kg
20	Ring	18
	Brut	normal
normal		normal

Farbenschläge: 1.4, 2.1, 4.1, 4.5, 7.3, 7.4, 7.5, 7.6, 7.9, 7.12, 5.1, 5.3, 5.5, 5.6, 5.7, 10.7, 11.4, 6.4.

Besonderheiten: Kaum Flugverhalten, dadurch sind niedrige Zäune möglich.

Gold-weizenfarbig

Gold-weizenfarbig

Yamato Gunkei

Herkunft: Der Rassename bedeutet so viel wie „Japanische Soldaten“. Aus indischen Asilabkömmlingen im Zeitraum von über 500 Jahren entstanden.

Rassegeschichte: Einfuhr nach Europa über die USA und Holland. Die Neigung Nippons zu Miniaturzuchten von Lebewesen, ähnlich der Bonsaikultur, führte zu der Entwicklung der zwergenhaft wirkenden Yamato. Außerdem mag das Vorbild der Samurai-Kämpfer.

Form und Kopf: Hoch aufgerichtet ist der vorne breite, hinten eiförmige Körper. Schon der mittellange, sehr kurz befiederte Hals zeigt den Kämpfertyp. Passend dazu die breiten, stark hervortretenden Schultern. Der Hahnenschwanz ist kurz, in sich geschlossen und wird in einer Linie mit dem Rücken gesenkt getragen. Die seitlichen Steuerfedern ragen als Rassemerkmal seitlich nach oben und stehen seitlich etwas ab. Nur kurze Hauptsicheln. Die knappe Befiederung lässt in der Brustbeingegend die nackte Haut durchscheinen. Stand kaum mittelhoch, aber muskulöse Schenkel und dicke Läufe mit feiner, mehrreihiger Schuppenbildung. Kopfpunkte: Großer, kurzer, breiter Schädel mit hervortretenden Augenbrauen. Fest aufsitzender, kleiner walnussförmiger Kamm. Sehr kleine Kehllappen; stark ausgeprägte Kehlhaut. Faltige, relativ große Ohrlappen. Die Augenfarbe ist hellorange bis perlweiß.

1,8 kg		1,5–2,0 kg
20		18
		normal
normal		normal

Farbenschläge: 1., 1.12, 3.7.

Besonderheiten: Im Mutterland gibt es auch weiße, gescheckte und gesperberte Yamatos.

Weiß-rot gezeichnet

Weiß-rot gezeichnet

Yokohama

Herkunft: Ursprungsgebiete in China. Einfuhr angeblicher „Shokoku“ nach Japan in der Heian-Periode (794–1186 n. Chr.). Nach Detering sind die Minohiki (entstanden in der Tokugawa-Periode (1603–1867 n. Chr.) identisch mit den heutigen Yokohama.

Rassegeschichte: 1864 Einfuhr in den „Jardin d'Acclimatisation“ durch den Missionar Girard. Import nach Deutschland 1869 und später zur Baronin von Ulm-Erbach. Nach 1870 Verpaarungen mit Malaien bei Hugo du Roi.

Form und Kopf: In der Gesamterscheinung „wie ein Araber-Vollblutpferd unter Ackergäulen“ (K. Fischer). Ungewöhnlicher langer und breiter, sehr voll befiederter, waagerecht getragener Sattel und Schwanz des Hahnes. Fasanenartige Körperform mit schlankem Hals. Wenig ausgebildeter Bauch, hoch getragene Brust. Schlanke Schenkel, feinknochige Läufe. Kleiner Wulstkamm. Die übrigen Kopfbehänge sind klein; rotorange die Augenfarbe. Die Henne zeigt ebenfalls elegante Länge und säbelartig gebogene Schwanzdeckfedern, die seitlich über den Schwanz hinausragen.

Hahn		Henne
2,0–2,5 kg	Gewicht	1,3–1,8 kg
18	Ring	16
	Legeleistung	normal
normal	Fleisch	normal

Farbenschläge: Rot gesattelt in abweichender Anordnung der Farbfelder: rahmweißes Gefieder an Kopf, Körper und Schwanz. Beim Hahn blutrote Flügeldecken, Brust und Schenkel rotbraun mit kleinen weißen Tupfen. Die Henne zeigt lachsrote Brust und Schenkel mit weißer Perlung (Tupfen).

Besonderheiten: Ästhetisch anziehende Ausstellungsrasse in Figur, Farbe und Zeichnung. Zuverlässige Brüter.

Wildbraun

Weiß

Zwerg-Altsteirer

Herkunft: In Groß-Umstadt erzielte H. Noll seit 1954 die ersten Zwerge dieser Rasse durch Verpaarung von Hennen der Großrasse mit einem rost-rebhuhnfarbigen Zwerg-Welsumer-Hahn.

Rassegeschichte: Diese Vorformen wurden einer strengen Zuchtauslese unterworfen und zudem mit wildfarbigen und goldhalsigen Deutschen Zwergen gekreuzt. Anfangsprobleme gab es mit der uneinheitlichen Lauffarbe und der unterschiedlichen Körpergröße. Dennoch konnte die Rasse 1961 in den deutschen Standard aufgenommen werden.

Form und Kopf: Nicht ganz so „kastenförmig" wie die Großrasse, jedoch im gestreckten Viereck verkörpern auch die Zwerge den Altsteirer-Typ. Dazu gehören langer Rücken, breite Sattelpartie, volle Brust- und Bauchlinie, kräftige Schenkel und breit angesetzter Schwanz. Die Besichelung beim Hahn ist reichlich und soll breit sein. Der Kamm ist (wie bei Sulmtalern) rasseeigentümlich: beim Hahn aufrecht stehender Einfachkamm, bei der Henne im vorderen Teil gewickelt („Quetschfalte"). Kurze Kehllappen, weiße Ohrscheiben. Rote Augenfarbe.

Farbenschläge: 1.3, 5.5.

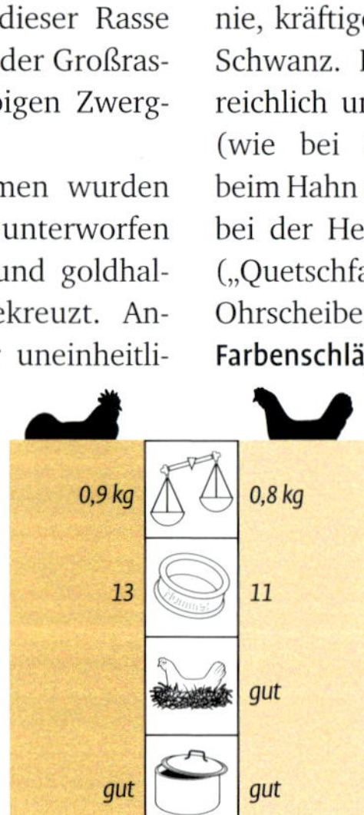

Besonderheiten: Wirtschaftlich interessante Zwergrasse mit lebhaftem Temperament, jedoch nicht scheu. Anspruchslosigkeit, Wetterempfindlichkeit.

Zwerg-Andalusier

Herkunft: Die Ausgangsrassen waren schwarze, einfachkämmige Bantam, Zwerg-Minorka und große Andalusier ab 1919. Sowohl in England als auch in Deutschland formten die Züchter Miniaturen der stolzen Andalusier.

Rassegeschichte: Zur Verkleinerung wurden später noch Deutsche Zwerghühner und Deutsche Zwerg-Langschan verwendet. Dennoch traten viele Tiere mit Übergröße auf. Gründung des Sondervereins 1895. Auslöschung der Anfangsbestände im Zweiten Weltkrieg. Wiedererzüchtung durch W. Woith ab 1949 aus Verpaarungen mit schwarzen Zwerg-Minorkas, blauen Bantams und Zwerg-Italienern.

Form und Kopf: Gestreckte Figur mit leicht abfallender, fast gerader Rückenlinie und breiten Schultern. Die hoch getragene Brust ist etwas vorgewölbt. Die Henne ist in der Körperhaltung etwas mehr waagerecht. Der „edle“ Gesamtausdruck entsteht nicht zuletzt durch den recht hohen Stand. Fest aufsitzender Stehkamm, bei der Henne im hinteren Teil umliegend, Kehllappen in feinem Gewebe, mittelgroße, weiße Ohrscheiben, regulär dunkelbraune Augen (rote gestattet).

0,9 kg		0,8 kg
13		11
		normal
normal		normal

Farbenschlag: Ausschließlich blau gesäumt; taubenblaue Grundfarbe mit schwarzen Federsäumen.

Besonderheiten: Spanische „Sonnenkinder“ aus deutscher und englischer Züchterwerkstatt. Aufspaltung in der Farbe. Für den Schaukäfig ist die richtige Farbe nicht leicht zu erzielen. Jahresleistung der Henne im Durchschnitt 100 Eier.

Gesperbert

Wildfarbig

Zwerg-Araucana

Herkunft: In den USA sollen angeblich um 1975 Zwerg-Araucana erzüchtet worden sein, die 1984 in den dortigen Standard aufgenommen wurden.

Rassegeschichte: In Deutschland erzielte W. Pröbsting/St. Augustin Ende des vorigen Jahrhunderts die Kleinausgabe der Araucana-Rasse.

Form und Kopf: Der Rumpf in aufgerichteter Haltung ist allseits gut gerundet. Dazu tragen die breiten Schultern und der mäßig lange Rücken bei. Der Hinterkörper ohne Schwanzgefieder ist allerdings beim Hahn durch volles und dichtes Sattelgefieder recht breit. Die Vorderseite zeigt die breite, leicht vorgewölbte Brust. Die Bauchregion ist, besonders bei der legenden Henne, gut entwickelt. Der Stand ist übermittelhoch durch die kräftigen Schenkel und die feinknochigen Läufe. Die Flügel dürfen den Körper nicht überragen. Unregelmäßiger Erbsenkamm, rote Ohrlappen. Drei Formen der Kopfbefiederung: a) Federquasten (Tuffs, Bommeln) am seitlichen Kopf, b) ausgeprägter Backenbart ohne Quasten, c) mit Federquaste und Bart. Rote bis orangefarbene Augen.

0,85 kg		0,75 kg
13		11
		normal
normal		normal

Farbenschläge: 1., 1.8, 1.4, 1.12, 5.1, 5.3, 5.4, 5.5, 6.1.

Besonderheiten: Sehr reizvoll sind die kleinen, türkisfarbenen Eier. Die Rasse zählt zu den Seltenheiten. Bei rassegerechter Haltung ist die Konstitution und Kondition optimal.

Gelbbunt

Gelbbunt

Zwerg-Asil

Herkunft: Ersterwähnung in der englischen Zeitschrift „Fanciers Gazette“ 1890. W. F. Entwisle beschrieb die Rasse 1894.

Rassegeschichte: Zur Verzwergung der stattlichen, großen Asil dienten zunächst Zwerg-Malaien. Um 1970 Wiedererzüchtung in Belgien (W. Coppens) und in Deutschland durch W. Kämmerling. Weiße Indische Zwerg-Kämpfer, englische Zwerg-Asil und Ko Shamo bildeten das Zuchtpotenzial.

Form und Kopf: Breiter, gedrungener Rumpf mit starker Muskelbildung. Rücken breit, flach und abfallend. Stark hervortretende Schultern (abstehender Flügelbug). Knapp ist die Sattelregion, geschlossen der gesenkt getragene Schwanz, beim Hahn nur mit schmalen, leicht gebogenen Sicheln und kurzen Schwanzdeckfedern besetzt. Sehr breite Brust und kurze, muskulöse Schenkel unterstützen den Asil-Eindruck. Die Läufe kurz und kräftig in den Knochen, dabei breit stehend und mit Sporen versehen. Auf dem kurzen, breiten Schädel sitzen der wenig entwickelte Erbsenkamm, die unbefiederte Kehlwamme und die kleinen, roten Ohrlappen. Das Gefieder ist überall sehr knapp und flaumarm. Die Augenfarbe ist perlfarbig bzw. bei Jungtieren gelb bis orangegelb.

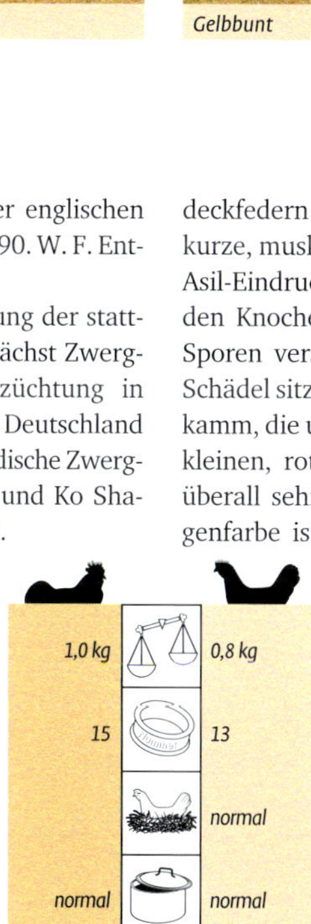

Farbenschläge: 5.5, 22.2, gelbbunt.

Besonderheiten: Zwerg-Asil sind zwar relativ neu auf deutschen Schauen, haben aber in letzter Zeit eine gute Verbreitung erreicht. Geeignet für begrenzte Raummöglichkeiten.

Zwerg-Augsburger

Herkunft: Versuche, in Deutschland ein Miniaturhuhn mit Becherkamm zu züchten, reichen zurück bis in die Zeit um 1930.

Rassegeschichte: Die Anfänge sind nicht dokumentiert. Um 1958 Wiedererzüchtung durch O. Knöpfler. Große Augsburger, Deutsche Zwerghühner und Zwerg-Italiener waren daran beteiligt. Erste Vorstellungen 1963 und 1965 in Stuttgart und Frankfurt. Offizielle Anerkennung 1975.

Form und Kopf: Der Rumpf erscheint durch die aufgerichtete Haltung und die gestreckte Rückenlinie nach hinten abfallend. Der Rahmen darf trotz Zwergengröße nicht zu gering erscheinen. Breit sind demgemäß Schultern und Rücken. Unterlinie: volle und breite Brust und gut entwickelter Bauch. Die kräftigen Schenkel und die mittellangen Läufe gehören zum Stand. Der Hahnenschwanz soll recht lang und breit sein. Die stark gebogenen Haupt- und Nebensicheln werden hoch getragen. Der Hennenschwanz ist flacher und wird leicht gefächert. Hauptrassemerkmal: Aufrecht stehender Kamm, der nach den ersten Kammzacken sich zu einer becherförmigen „Krone" erweitert, möglichst hinten geschlossen. Mittelgroße Kehllappen, länglich runde, weiße Ohrscheiben, dunkelbraune Augen.

0,9 kg		0,8 kg
13		11
		gut
gut		gut

Farbenschlag: Ausschließlich schwarz mit grünem Glanz.

Besonderheiten: Die Rasse entspricht durchaus der Großrasse in leistungsmäßiger Hinsicht. Sie ist wegen ihrer geringen Verbreitung unbedingt schützenswert und förderungswürdig.

Schwarz

Weiß

Zwerg-Australorps

Herkunft: 1950 Herauszüchtung der Zwergform in Deutschland und in den USA. Unklar sind die Züchternamen und Orte, in denen die Schwarzen entstanden sind.

Rassegeschichte: Der weiße Farbschlag entstand 1973 bei Fr. W. Mayland, Wermelskirchen, die Blau-Gesäumten bei H. Tödtmann, Minden-Stemmer 1986. Andere Rassen standen Pate: Zwerg-Wyandotten, Zwerg-Barnevelder und Zwerg-Langschan.

Form und Kopf: Waagerechte Körperhaltung. Die Oberlinie geht vom Hinterhals in leichter Senkung zum Anstieg über Sattel und Schwanz in einem harmonischen Bogen. Breite Neben- und Hauptsicheln besetzen den Hahnenschwanz. Tief gehende Brustlinie mit deutlicher Vorwölbung. Die Unterlinie geht hinter den Schenkeln in die gut gefüllte Bauchlinie. Sichtbare Schenkel, mittelhohe Läufe. Die Hennenform erscheint noch etwas gedrungener. Das Schwanzgefieder soll aufgelockert sein, ohne stark zu fächern. Einfach gezackter, nicht zu großer Kamm, passende Kehllappen und rote Ohrlappen. Wichtig ist rote, nicht helle oder schwärzliche Gesichtsfarbe. Die Augenfarbe ist dunkelbraun.

Farbenschläge: 5.1, 5.4, 5.5.

Besonderheiten: Starke Verbreitung aufgrund der hohen Legeleistung. Das Eigewicht ist mit 45 Gramm für ein Zwerghuhn erstaunlich hoch. Hervorragende Futterverwertung. Frohwüchsigkeit der Küken.

Doppelt gesäumt

Doppelt gesäumt

Zwerg-Barnevelder

Herkunft: Als Erzüchter gilt D. Giesen, Mühlheim/Ruhr. Verpaarungen von klein gebliebener Henne mit Zwerg-Rhodeländern und Deutschen Zwerg-Langschan ab 1922.

Rassegeschichte: Spätere Verwendung von gold-schwarz gesäumten Zwerg-Wyandotten und fasanenbraunen Indischen Zwerg-Kämpfern. Vorstellungen ab 1927 in Hannover, Essen, Berlin und Dresden. Anerkennung 1930. Gründung des Sondervereins 1931 in Gießen. 1954 Erzüchtung der Schwarzen und Weißen bei H. Altheinz in Kirchhain. Dunkelbraune erzielte K. Röder, Maintal zwischen 1981 und 1987. Kennfarbige bei K. Göbel, Hochheim und Importe der Blau-Doppelgesäumten aus Holland 1988 durch K. H. Holtkampf, Hille.

Form und Kopf: Der Rumpf muss von der breiten Rückenlinie bis zu den Schenkelansätzen tief erscheinen. Geräumiger Körperrahmen. Die Rückenlinie geht hohlrund ansteigend in den hoch getragenen Schwanz über, der beim Hahn mit voller Besichelung ausgestattet ist. Tief gehende Unterlinie durch etwas vorgewölbte Brust und tiefe Bauchregion. Kräftige, sichtbare Schenkel und feinknochige Läufe. Einfacher Stehkamm bei beiden Geschlechtern. Kehllappen kurz gerundet. Ohrlappen länglich, rot. Die Augenfarbe ist orangerot.

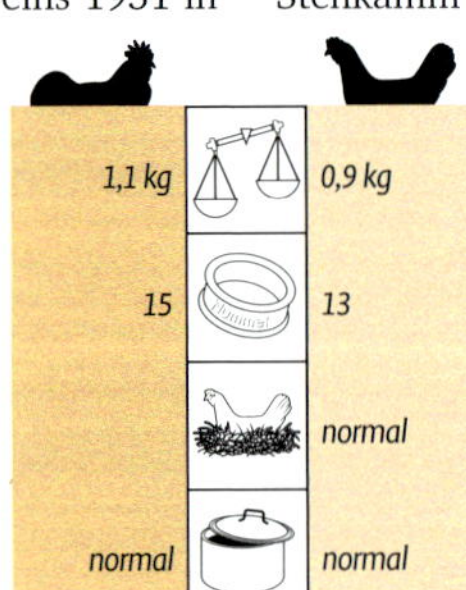

Farbenschläge: 4.12, 5.1, 5.5, 6.6, 7.16, 7.17.

Besonderheiten: Beliebt ist die Rasse wegen des relativ hohen Eigewichts, der Anspruchslosigkeit und dem ruhigen Wesen.

Kennfarbig

Kennfarbig

Zwerg-Bielefelder Kennhühner

Herkunft: Zwischen 1981 und 1985 aus Zwerg-New Hampshire, Zwerg-Amrocks und Zwerg-Welsumern von G. Roth, Nauheim/Hessen herausgezüchtet.

Rassegeschichte: 1985 in Hannover vorgestellt und offiziell anerkannt und Gründung des Sondervereins. Seitdem enormer Aufschwung und Verbreitung.

Form und Kopf: Durch den tiefen Rumpf wirken Zwerg-Bielefelder etwas massig. Die heruntergehende Brust und der breite Bauch begrenzen den Rahmen an der Unterseite. Der lange, gerade Rücken wird waagerecht getragen. Breite Schultern, volle Sattelpartie. Der walzenförmige Rumpf schließt beim Hahn ab mit dem breit besichelten Schwanz, der im stumpfen Winkel getragen wird. Die kurzen Schenkel mit den kaum mittellangen Läufen bilden den eher tief wirkenden Stand. Die Fahne des Einfachkammes folgt der Nackenlinie. Bei der Henne darf die Fahne leicht umliegen. Nicht zu große Kehllappen, rote Ohrlappen. Orangerote Augen.

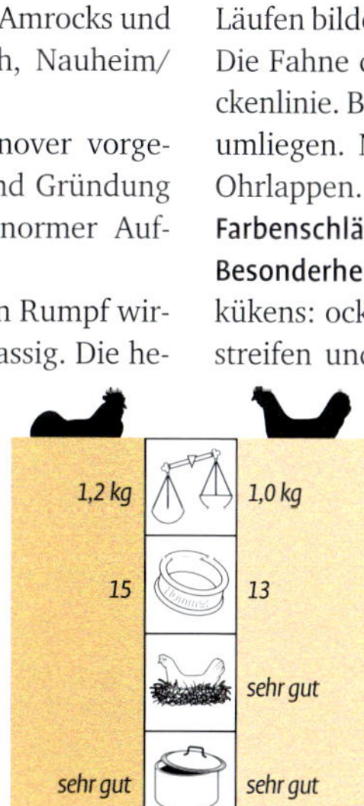

Farbenschläge: 6.6, 6.7.

Besonderheiten: Dunenfärbung des Hahnenkükens: ockergelb mit hellbraunem Rückenstreifen und weißem Sperberfleck auf dem Kopf. Hennenküken: dunkler im Farbton, satt dunkelbrauner Rückenstreifen, kleinerer Kopffleck. Hervorragende Leistungseigenschaften. Dunkelbraune Eischalenfarbe. Angenehme Zutraulichkeit.

Gesperbert

Weiß

Zwerg-Brabanter

Herkunft: Erste Bestände in Holland schon 1935 auf einer Ausstellung in Utrecht (Ornithophilia). Während des Zweiten Weltkrieges erloschen die dortigen Zuchten. 1945 Wiedererzüchtung in Apeldoorn.

Rassegeschichte: Ab 1966 in Deutschland die vier Farbenschläge Schwarz, Blau-Gesäumt, Perlgrau und Weiß. Aufnahme aller acht Farbenschläge in den deutschen Standard 1975. Gründung des Sondervereins 1992.

Form und Kopf: Zwar soll der Landhuhntyp erkennbar sein, aber Zwerg-Brabanter zeigen eine „stolze" Haltung durch den aufrecht getragenen Hals, den etwas ausgerundeten, leicht abfallenden Rücken, die breiten Schultern und beim Hahn den voll entwickelten, etwas offen und hoch getragenen Schwanz. Schenkel und Läufe recht frei, meistens mehr als mittellang. Der Kamm besteht aus zwei runden, v-förmigen, etwa 1 cm langen Fleischzapfen („Hörnern"), nach hinten gerichtet. Die aufrecht stehende, seitlich zusammengedrückte, recht große Helmhaube steht demgegenüber mit den Federspitzen nach vorne. Dazu kommt der federreiche, seitlich eingeschnürte Bart, gebildet aus Kinn- und Backenfedern. Die Kehl- und Ohrlappen sind bedeckt; die orangefarbigen bis rötlichen Augen müssen freibleiben.

Farbenschläge: 7.1, 7.2, 7.8, 5.1, 5.2, 5.4, 5.5, 6.1.

Besonderheiten: Seit ihrem Vorkommen in Deutschland hat die Rasse zwar gute Verbreitung erfahren, ist aber dennoch relativ selten.

Silberfarbig-gebändert

Rebhuhnfarbig-gebändert

Zwerg-Brahma

Herkunft: Die ersten Versuche der Verzwergung dieser Rasse bei W. F. Entwisle im Jahr 1887 scheiterten an der Übergröße der Tiere. 1889 brachte L. Neubert, Niederbobritzsch, die Hellen und 1891 die Dunklen heraus.

Rassegeschichte: Tiere der Großrasse, Federfüßige Zwerghühner und Seidenhennen stellten die Elterntiere. Gelb-columbia wurden erst 1950 anerkannt. 1980 Rebhunfarbig-Gebänderte, 1988 Rebhunfarbig-Blaugebänderte.

Form und Kopf: Körper voluminös durch den breiten Rücken und die abgerundeten, breiten Schultern. Zwar soll die Brust breit, rund und voll sein, wird aber etwas hoch getragen. Die Rückenlinie muss so ausgerundet sein, dass hinter dem breiten Sattel die Schwanzbefiederung in fast gerader Linie ansteigt. Steuerfedern dachförmig angeordnet und mit Flaumfedern ausgefüllt. Die breiten Hauptsicheln des Hahnes gehen am Ende etwas auseinander. Die sehr voll befiederten Schenkel tragen stulpenartig verlängerte Federn. Auch die Läufe sind an den Seiten bis zu den Mittel- und Außenzehen befiedert. Der Stand wirkt relativ hoch. Kleiner, dreireihiger Erbsenkamm, kleine Kehllappen und Kehlwamme. Die Ohrlappen sind rot, die Augen orangerot bis rot.

Farbenschläge: 4.1, 4.2, 4.5, 4.6, 7.9, 7.10, 7.12.

Besonderheiten: Frühbruten sind wegen der relativ langen Entwicklungszeit ratsam. Die Fußbefiederung verlangt trockenen Boden, Sandeinstreu und kurz geschnittenen Rasen im Freiauslauf.

Gold

Gold

Zwerg-Brakel

Herkunft: Versuche der Herauszüchtung ab 1900 in Deutschland. Vorstellung in Dresden 1927. In Holland 1933 Zwerg-Brakel aus der Großrasse und Sebright erzüchtet.

Rassegeschichte: Aus Silberbrakeln und schwarzen Deutschen Zwerghühnern entwickelte dann seit 1952 F. Werthmann, Arnsberg die Zwerg-Brakel heutigen Typs. 1956 Aufnahme der Silberfarbigen, 1976 der Goldfarbigen in den Standard. Eigenständige Herauszüchtung durch K. Zohns, Uelleben/Thüringen, aus der Großrasse, Zwerg-Hamburgern und Zwerg-Rheinländern.

Form und Kopf: Der Körperrahmen wird oben durch die leicht abfallende Rückenlinie, die breiten Schultern und die volle Sattelpartie, unten durch die tief gehende Brust- und Bauchlinie gebildet. Der Schwanz wird ziemlich hoch getragen. Beim Hahn breite Sicheln und lange Steuerfedern. Die Schenkel sind im Gefieder verborgen und relativ kurz. Zum Kopfausdruck gehören die dunkelbraunen Augen mit den schwärzlichen Augenlidern. Der Einfachkamm hat 5 bis 6 Zacken. Der Hennenkamm neigt sich in der Blüte hinten zur Seite. Nur mittelgroße Kehllappen und bläulich weiße Ohrscheiben.

0,8 kg		0,7 kg
13		11
		sehr gut
gut		gut

Farbenschläge: 7.1, 7.2

Besonderheiten: Sehr aparte Bänderzeichnung auf silberweißem bzw. goldbraunem Hintergrund. Leichte Aufzucht bei richtigen Bedingungen. Rasche Kükenbefiederung. Gemäß der Legeleistung der Großrasse liefern auch die Zwerge viele Eier.

Gesperbert

Gesperbert

Zwerg-Breda

Herkunft: Um 1930 in Holland (L. van Muilwijk, Dordrecht). Herauszüchtung des schwarzen Farbschlages.

Rassegeschichte: Später weitere Versuche bei Stork, Hengelo, durch Kreuzung von großen Breda mit Zwerg-Eulenbarthühnern und durch Spriel, Ede, ab 1969 durch Verwendung von Federfüßigen Zwerghühnern. Der weiße Farbschlag entstand um 1970, der blaue durch Einkreuzung von Andalusiern bei De Ruiters in Hasselt.

Form und Kopf: Breite Walzenform, die im Hinterteil schmaler wird. Die Rückenlinie ist lang, breit und fällt leicht nach hinten ab. Der übermittellange Hals ist leicht gebogen und voll befiedert. Breite, runde Schultern, volles Sattel- und hartes Sichelgefieder. Steuerfedern, auch bei der Henne, etwas gespreizt. Brust vorgewölbt, an der breitesten Stelle wird sie leicht angehoben getragen. Die etwas übermittellangen Schenkel tragen verlängertes Gefieder an den Außenseiten. Auch die hoch erscheinenden Läufe sind an den Außenseiten bis über die Außenzehen kurz befiedert. Anstelle des Kammes sitzt eine Vertiefung, die mit roter Fleischhaut ausgekleidet ist. Als Haubenhuhnvariante tragen Zwerg-Breda einen kleinen Schopf, aus spitzen und steif nach hinten gerichteten Federn. Weiße Ohrscheiben, gut gerundete Kehllappen, orangerote bis rotbraune Augen.

1,1 kg		0,85 kg
16		14
		gut
gut		gut

Farbenschläge: 5.1, 5.4, 5.5, 6.1.

Besonderheiten: Die Rasse zählt in Deutschland zu den Seltenheiten.

Silberfarbig

Blau

Zwerg-Cochin

Herkunft: Anfängliche Bezeichnung „Peking-Bantams“. Keine Verzwergung der Großrasse, sondern „Urzwerge“. 1860 Einfuhr aus China. Das erste Paar Gelbe gelangte als Beutegut zum Hof der britischen Königin.

Rassegeschichte: 1866 Einkreuzung einer weißen Vorform der Federfüßigen Zwerghühner und Nankin-Zwerghühnern. 1883 die ersten Schwarzen durch weitere China-Importe und 1886 Gelbe in Deutschland. Weiße und Rebhuhnfarbige 1890.

Form und Kopf: Trotz Zwergentyp viel Volumen im Rumpf, Schultern und Körperabschluss. Auffallende Körpertiefe durch die breite und tief getragene Brust und den vollen, reich befiederten Bauch. Tiefer Stand, kurze, voll befiederte Schenkel mit starker „Kissenbildung“ und kurze, stark befiederte Läufe. Der Hinterkörper (Kruppe) besteht aus weichen Federn, stark gewölbt und allseitig abgerundet. Die Rasse kommt auch als gelockte Variante vor. Deckgefieder in einer halben Drehung aufgebogen. Die Halsfedern sind zum Kopf hin aufgerichtet. Kleiner Einfachkamm, dünne Kehllappen und rote Ohrlappen. Augenfarbe orange bis rot.

0,85 kg		*0,75 kg*
16		*15*
		normal
normal		*normal*

Farbenschläge: 1.4, 1.12, 1.21, 2.1, 2.4, 3.7, 4.1, 4.2, 4.5, 4.6, 5.1, 5.2, 5.3, 5.5, 5.6, 5.7, 6.1, 6.3, 7.11, 7.12, 10.7, 11.4., perlgrau gesperbert.

Besonderheiten: „Gemütliche“, ruhige Rasse mit liebenswertem, zahmen Wesen. Gepflegter Sandboden und weicher Rasen sind erforderlich.

Schwarz-weiß gescheckt

Schwarz-weiß gescheckt

Zwerg-Crève Coeur

Herkunft: Seit 1960 im amerikanischen „Standard of Perfection".

Rassegeschichte: Eine der jüngsten in Deutschland herausgezüchteten Zwergrasse. Elterntiere waren Vertreter der Großrasse, schwarze Zwerg-Paduaner und Zwerg-La Flèche. Anerkennung nach 13-jähriger Zuchtzeit 1995.

Form und Kopf: Der Körper bildet ein breites, gestrecktes Rechteck. Waagerechte Haltung. Mittellanger Rücken mit breiter Sattelpartie. Der Hahnenschwanz wird mäßig hoch getragen und ist mit breiter Besichelung besetzt. Tief gehende Unterlinie durch breite Brust und vollen Bauch. Wenig sichtbare, aber kräftige Schenkel, kaum mittellange Läufe. Der Körper der Henne wirkt noch etwas gedrungener und ausgefüllter. Dreifache Abweichung von normalen Kopfpunkten: Der Geweihkamm besteht aus zwei gleichförmigen, v-förmigen, fleischigen Hörnern, die nach hinten gerichtet sind. Der große, volle Bart ist, besonders bei der Henne, in den Kinn- und Backenteil getrennt. Die Haube soll groß und dicht sein; ihre Struktur ist beim Hahn mehr langfedrig, bei der Henne mehr breitfedrig. Kehl- und Ohrlappen sind verdeckt. Die Augenfarbe ist rötlich gelb.

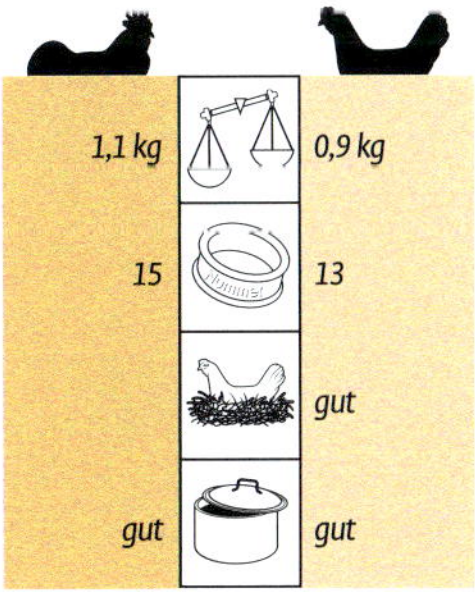

Farbenschlag: Ausschließlich schwarz.

Besonderheiten: Der geräumige Körper zeigt gute Leistungsmerkmale an. Die Hennen legen fleißig; für eine Zwerghuhnrasse auch rentable Fleischnutzung.

Schwarz

Weiß

Zwerg-Croad Langschan

Herkunft: Seit 1970 in England. 1981 Importe nach Holland zu H. van Rijswijk. Im amerikanischen Standard seit 1960 enthalten.

Rassegeschichte: In Deutschland Weiterentwicklung ab 1993 durch H. B. Laudage und D. Höper. Weiße traten unerwartet aus dem schwarzen Farbschlag auf. Einkreuzung von Zwerg-Australorps. Weniger erfolgreich war die Verwendung von Federfüßigen Zwergen. Chabos förderten die Rasse durch Verkürzung der runden Rückenlinie. Sonderverein in Deutschland seit 1997.

Form und Kopf: Beträchtliche Rumpftiefe. Kurzer, lyraförmiger Rücken; breite, gut gerundete Brust; volle Bauchregion. Die Oberlinie wird mitgeprägt durch den voll befiederten, breiten Sattel und die hoch getragene Schwanzbefiederung. Die langen Sicheln bedecken seitlich die Steuerfedern, die besonders bei der Henne aus der Schwanzdecke hervorragen. Breite Schultern gehören zum Rahmen. Die langen und starken Schenkel mit den hohen Läufen, die in den Fersengelenken nur gering gewinkelt sind, bilden den Stand. Läufe und die Außenzehen sind befiedert. Circa 5 Zacken trägt der Einfachkamm, der auch bei der Henne stehen soll. Rote Ohrlappen, Kehllappen ohne Besonderheiten. Dunkelbraune bis schwarzbraune Augen.

1,2 kg		1,0 kg
6		15
		gut
gut		gut

Farbenschläge: 5.1, 5.5.

Besonderheiten: Attraktive Figur durch die geschwungene Oberlinie und den hohen Stand. Recht gute Nutzungseigenschaften.

Zwerg-Dominikaner

Herkunft: Vor den in Deutschland erzüchteten gab es schon seit 1960 in den USA Zwerg-Dominikaner.

Rassegeschichte: Erst durch Züchtungen bei F. Pohle, Springe und E. Kowert, Rödinghausen, unter Verwendung von Sumatra, schwarzen Zwerg-Italienern, Deutschen Zwerg-Sperbern, Zwerg-Rheinländern und gestreiften Plymouth Rocks kam der gegenwärtige Typ heraus. Kowert war erfolgreich durch Einkreuzung von Zwerg-Kraienköppen. Offizielle Anerkennung 1990.

Form und Kopf: Elegantes Exterieur durch den langen, walzenförmigen, leicht abfallenden Rumpf mit dem schlanken Hals. Die Rückenlinie wird fortgesetzt in dem breiten, flach getragenen Hahnenschwanz mit möglichst breiten und herunterhängenden Sichelfedern. Die Brust wird hoch getragen und etwas vorgestreckt, der Bauch ist gut ausgebildet. Kräftige, straff befiederte Schenkel und mittellange Läufe. Der möglichst gleich breite Rosenkamm soll schmal, niedrig und mit feinen Fleischperlen besetzt sein. Hinten läuft er in einem kurzen, geraden Dorn aus. Die Henne erscheint etwas gedrungener in der Figur. Kehl- und Ohrlappen klein, sodass der auffallend kleine Kopf mit flacher Stirn länglich erscheint. Orangerote Augen.

Farbenschlag: Ausschließlich gesperbert.

Besonderheiten: Das „Huhn mit dem Schlangenkopf" soll auch bei der Zwergform zum Ausdruck kommen.

Goldbraun

Schwarz

Zwerg-Dresdener

Herkunft: Beginn der Verzwergung 1951 durch S. Zumpe, Wilschdorf.

Rassegeschichte: Aus klein gebliebenen Hennen der Großrasse, Antwerpener Bartzwergen und hellen Zwerg-Wyandotten waren die ersten Tiere kombiniert. Auf westdeutschem Gebiet wurden dann goldbraune Zwerg-New Hampshire und gelbe Zwerg-Wyandotten zur Typfestigung verwendet. Im westdeutschen Standard Aufnahme 1967.

Form und Kopf: In deutlicher Unterscheidung zu den sonst ähnlichen Zwerg-New Hampshire zeigen die Zwerg-Dresdener einen etwas längeren Rumpf. Breite Sattelpartie, der Schulterbreite entsprechend. Die Rückenlinie verläuft zunächst waagerecht und steigt dann ohne eckigen Verlauf in den im stumpfen Winkel getragenen Schwanz. Die Hahnensicheln sollen nicht zu lang sein. Brust- und Bauchpartie erscheint recht voll. Mittelhoher Stand durch wenig hervortretende Schenkel und mittelhohe Läufe. Auch der Hennenschwanz soll breit sein und offen getragen werden. Vorne breit angesetzter Rosenkamm, dessen Dorn dem Nacken folgt. Dazu passende, nicht zu lange Kehllappen, rote Ohrlappen. Die Augenfarbe ist orangefarbig bis rot.

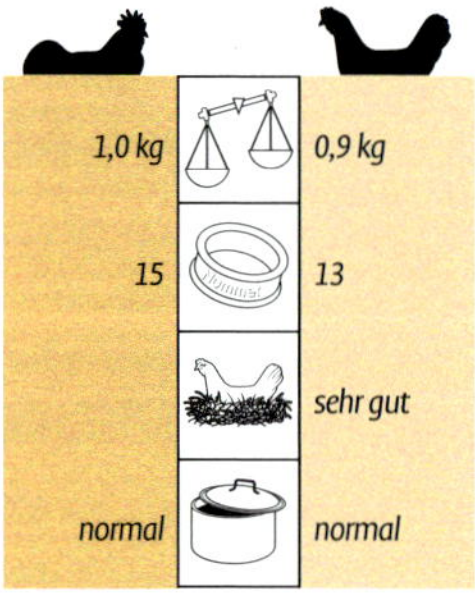

Farbenschläge: 1.2, 5.1, 5.5, 6.1, braun.

Besonderheiten: Etwas derb erscheinendes, aber temperamentvolles Zwerghuhn. Winterhart; fleißiger Leger. Ermittelter Durchschnitt: pro Henne und Jahr 182 Eier. Spitzenhenne: 237 Eier.

Weiß

Chamois

Zwerg-Eulenbarthühner

Herkunft: In Holland um das Jahr 1934 entstanden.

Rassegeschichte: Auf holländischen Ausstellungen wurden 1992 Zwerg-Eulenbarthühner in den Farbenschlägen Goldlack, Schwarz und Gesperbert gezeigt. Zwei Jahre später standen dort schon 48 Tiere in sechs Farbenschlägen. 1994 und 1995 erste Vorstellungen in Deutschland (sechs Farbenschläge); seit 1996 standardisiert.

Form und Kopf: Zwischen den Schultern ist der Rumpf ziemlich breit und wird im hinteren Teil schmaler. Das Halsgefieder soll im Nackenbereich etwas aufgebauscht sein. Die voll befiederte Sattelregion geht hohlrund in den Schwanz über, der beim Hahn hoch, aber nicht rechtwinklig getragen wird. Die Neben- und Hauptsicheln hüllen die langen Schwanzfedern seitlich ein. Betonte, volle, etwas nach vorne getragene Brustlinie. Nicht hervortretend dagegen die Bauchlinie. Kräftige, mittellange Schenkel und breit stehende Läufe. Vor dem v-förmigen „Hörnerkamm" sitzt eine rosafarbige Wölbung, mit kleinen Federchen bewachsen. Der volle, federreiche, ungeteilte Kinn- und Backenbart verdeckt die Kehl- und Ohrlappen. Lebhafte, große, braune Augen.

0,8 kg		0,7 kg
13		11
		normal
normal		normal

Farbenschläge: 5.1, 5.4, 5.5, 6.1, 10.1, 10.2, 10.3.

Besonderheiten: Als eine der jüngsten Zwerghuhnrassen noch relativ geringe Verbreitung. Durch die bartgeschützten Kopfteile recht widerstandsfähig gegen Kälte.

Zitron-schwarz geflockt

Zitron-schwarz geflockt

Zwerg-Friesenhühner

Herkunft: In den Niederlanden um 1930 aus Verpaarungen von Friesenhühnern und Sebrights entstanden.

Rassegeschichte: Wenig bekannt. In Deutschland zeigte zuerst E. Mensinger, Geiselwind, Zitron-Schwarzgeflockte. K. Strickstrock und J. Wolters erfüllten dann 1990 mit ihren Tieren die Bedingungen zur Anerkennung.

Form und Kopf: Schlank, leichte Walzenform in wenig abfallender Haltung. Die Befiederung ist gut ausgeprägt, besonders am Hahnenschwanz mit breiten Steuerfedern und langen Sicheln. Mäßig entwickelter Bauch, vorgewölbte Brust. Die Flügel werden leicht gesenkt getragen; ihre Enden ruhen auf den Flanken. Stand und Kopfpunkte ohne Abweichungen vom „Normaltyp“. Dunkelorange-rote Augenfarbe. Reinweiße Ohrscheiben.

Farbenschläge: 5.3, 8.1, 8.3, 8.6, 8.8.

Besonderheiten: Ausgesprochenes Zier- und Ausstellungshuhn. Sehr fluggewand, daher hohe Umzäunung erforderlich. Feine Farb- und Zeichnungsbilder. Zusätzliche Verkleinerung des ohnehin schon leichten Friesenhuhnes. Mit durchschnittlich 550 Gramm eine der zierlichsten Zwerghuhnrasse.

0,55–0,65 kg		0,45–0,55 kg
13		11
		normal
normal		normal

Silberlack

Schwarz

Zwerg-Hamburger

Herkunft: Ende des 19. Jahrhunderts in England aus einem Hahn der Großrasse und schwarzen und weißen Bantam-Hennen von J. Farnsworth herausgezüchtet.

Rassegeschichte: 1883 berichtet B. Dürigen von Zwerg-Hamburgern, die aber keine Verbreitung fanden. A. Krauß, Dresden-Hellerau, und H. Dirks, Emden, gelten als eigentliche Herauszüchter. Große Hamburger-Hühner und Bantam waren dabei beteiligt. 1977 Anerkennung der Schwarzen, 1992 Zulassung der Goldsprenkel, 1994 Weiße, 1995 Silbersprenkel, 1996 Blaue.

Form und Kopf: Sehr schlanker, walzenförmiger Rumpf. Voller Halsbehang und starke Besichelung beim Hahn. Lange, nach hinten leicht abfallende Rückenlinie. Unterlinie durch gerundete Brust und abgerundeten Bauch. Hervortretende Schenkel und feinknochige Läufe. Die Körperhaltung der Henne ist mehr waagerecht. Ihr Schwanzgefieder ist geschlossen und zeigt leicht gebogene Deckfedern. Edel sind die Kopfpunkte: fest und gerade aufsitzender Rosenkamm mit tropfenartigen Perlen und in gerader Linie auslaufender, runder Dorn. Große, weiße Ohrscheiben, kleine Kehllappen, dunkelbraune Augen.

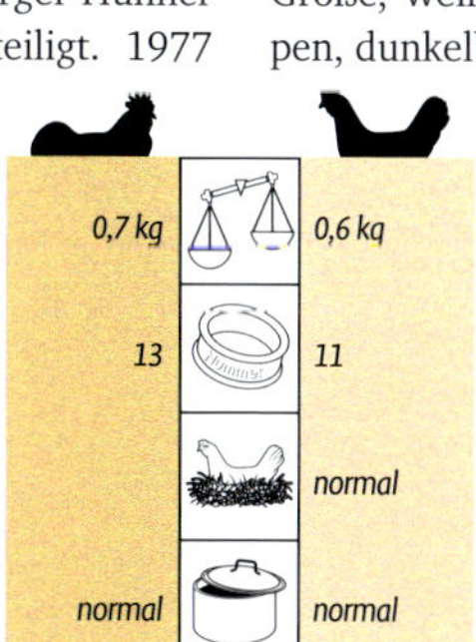

Farbenschläge: 5.1, 5.3, 5.5, 9.1, 10.1, 10.2.

Besonderheiten: Die Rasse gilt als „Perle“ unter den Zwerghühnern aufgrund der feinen Körperlinien, der edlen Kopfpunkte und der abwechslungsreichen Farb- und Zeichnungsbilder.

Blau

Gelb

Zwerg-Holländer Haubenhühner

Herkunft: Auf einem Gemälde von Monckhorst 1657 ist eine Henne mit weißer Haube dargestellt. In England gab es um 1900 weißhäubige Hühner mit wenig Zwergenformat.
Rassegeschichte: Der heutige Typ geht auf die Züchtung von K. Boseld/Hamburg zurück. Nach 1914 hatten deutsche und holländische Züchter in vorbildlicher Zusammenarbeit einen sehr hohen Zuchtstand erreicht. Die Zulassung der anderen Farbenschläge erfolgte erst ab 1969.
Form und Kopf: Oberlinie im leicht abfallenden Rücken etwas hohlrund. Rumpf gestreckt. Kaum sichtbare Schenkel, hervorstehende Brust. Der Sichelschwanz des Hahnes ist seitlich gut mit Deckfedern besetzt und wird etwas offen und hoch, jedoch nicht steil, getragen. Hauptrassemerkmal ist die gleichmäßig geformte Rundhaube, die beim Hahn aus schmalen, spitzen Federn besteht. Vorne und seitlich wird die Haube durch kleinere Federn gestützt. Über dem Schnabel ist bei den Weißhauben ein farbiges Feld („Schmetterling") gestattet. Die Haube der Henne ist durch die kurzen und abgerundeten Federn dichter. Der Kamm fehlt, die Kehllappen und weißen Ohrscheiben dürfen nicht zu groß sein. Rot bis rotbraune Augenfarbe.

0,9 kg		0,8 kg
13		11
		normal
normal		normal

Farbenschläge: Weißhauben in Weiß, Blau gesäumt, Gelb, gesperbert und Schwarz-weiß gescheckt. Schwarzhauben in Weiß.
Besonderheiten: Ungewöhnliche Haubenbildung in scharfem Kontrast zum Körpergefieder.

Schwarz-weiß gescheckt

Schwarz-weiß gescheckt

Zwerg-Houdan

Herkunft: Nach 1945 in England aus Tieren der Großrasse, bunten Zwerg-Sussex und schwarz-weiß gescheckten Zwerg-Ancona erzüchtet.

Rassegeschichte: Wahrscheinlich schon bald Export von Bruteiern in die USA. Im amerikanischen Standard ist die Rasse seit 1960 aufgeführt. Eigenständige Erzüchtung in Deutschland durch H. Schierloh, Bremen. Verwendung von schwarzen Zwerg-Paduanern. Anerkennung 1959.

Form und Kopf: Schon im kaum mittelhohen Stand und durch die breiten Schultern kommt der Landhuhntyp zum Ausdruck. Tiefe und gut gerundete Brust, voller Bauch. Rumpf in gestreckter Walzenform mit breiten Schultern. Der Hahnenschwanz ist sehr voll besichelt und wird nur wenig über der Waagerechten getragen. Der große, vollfedrige Bart verdeckt Kehllappen und Ohrscheiben. Die mittelgroße, dicht befiederte Haube darf die Augen nicht bedecken. Der Kamm besteht aus zwei nebeneinander liegenden fleischigen Blättern, oben gezackt. Rotgelbe bis rotbraune Augenfarbe. Die fünfte Zehe muss von der vierten deutlich getrennt sein und etwas nach oben stehen.

Farbenschläge: 5.5, 10.7.

1,1 kg		0,9 kg
15		13
		gut
gut		gut

Besonderheiten: Neben dem attraktiven Schauwert bringt die Rasse gute Legeleistung und hochwertiges Tafelfleisch. Die Küken sind frohwüchsig und leicht aufzuziehen.

Rebhuhnfarbig

Blau

Zwerg-Italiener

Herkunft: Um 1900 soll es schon Zwerg-Italiener in Deutschland im rebhuhnfarbigen Schlag gegeben haben.

Rassegeschichte: 1920 zeigte Schumann, Gotha, zum ersten Mal Tiere in der richtigen Zwergengröße. Die Hähne waren rebhuhnfarbig, die Hennen goldfarbig. Gleichzeitig gab es Weiße von O. Bartsch, Berlin. Wurden 1956 von R. Ernst und L. Höner wieder erzüchtet. Schwarze 1919 von O. Bartsch, zunächst nur in rosenkämmig. Silberfarbige und Blaue 1924, Gestreifte und Orangefarbige 1935. Porzellanfarbige wurden ab 1975 bei E. Imberger, Frielendorf, wieder erzüchtet.

Form und Kopf: Lange, schlanke Walzenform mit fließenden Linien. Volle Brust- und Schulterpartie, gerundeter Bauch. Möglichst waagerechte Körperhaltung. Gut besichelter Hahnenschwanz, leicht aufsteigend. Auch bei der Henne Schwanzansatz recht breit. Der lange Rücken steigt im Sattel leicht an. Noch sichtbare Schenkel, mittelhohe Läufe. Zwei Kammvarianten: stehkämmig mit umliegender Fahne bei der Henne; rosenkämmig, fein geperlt, nach hinten schmaler werdend mit einem gesenkten, nicht aufliegenden Dorn. Nicht zu lange Kehllappen, weiße Ohrscheiben, rote Augen.

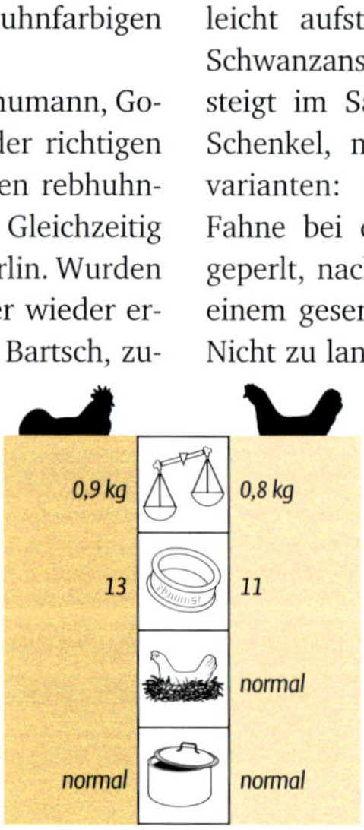

Farbenschläge: 1.1, 1.5, 1.14, 1.20, 1.22, 2.2, 3.4, 4.1, 4.5, 5.1, 5.3, 5.5, 5.6, 5.7, 6.4, 6.6, 7.6, 11.4.

Besonderheiten: Stark verbreitetes Zwerghuhn mit Vorzügen in der Haltung: es ist genügsam mit relativ geringem Futter-Raumaufwand.

Zwerg-Kastilianer

Herkunft: 1969 in der Zucht von R. Fuhrmann, Bielefeld, entstanden.

Rassegeschichte: Ein etwas klein geratener Hahn der Großrasse wurde mit schwarzen Rheinländer-Hennen verpaart. Da anfangs überwiegend rosenkämmige Küken fielen, wurden einfachkämmige Zwerg-Minorka und später zur Verringerung der Größe ein schwarzer Holländischer Zwerghahn eingekreuzt. Seit 1974 vorgestellt, 1976 Aufnahme in den Standard.

Form und Kopf: Langer Rücken, walzenförmiger, nach hinten leicht abfallender Rumpf mit betonter Unterlinie durch die breite, tiefe Brust und die gut gefüllte Bauchregion bilden den Rahmen. Wichtig ist der Schwanzwinkel: Er wird fast senkrecht getragen. Breite Sicheln, nicht lange schleppend. Schenkel und Läufe normale Höhe. Beim Hahn stehender, bei der Henne geneigter Kamm. Mittellange Kehllappen, weiße, ovale Ohrscheiben. Die Augenfarbe ist rehbraun.

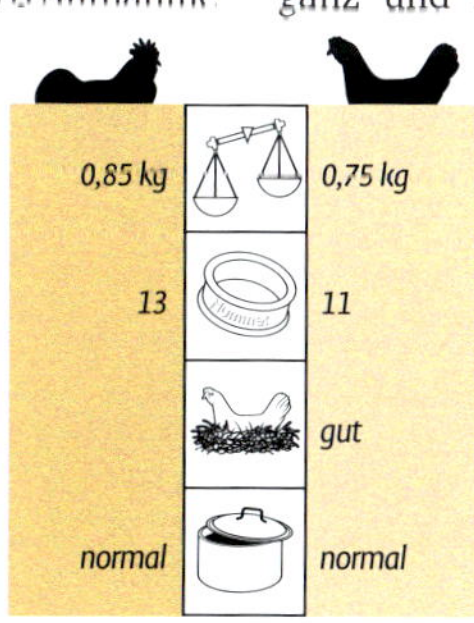

Farbenschlag: Ausschließlich schwarz mit grünem Glanz.

Besonderheiten: Miniaturausgabe einer alten spanischen Landhuhnrasse mit gefälliger Eleganz und Lebhaftigkeit. Hohes Eigewicht, gute Legeleistung und Vitalität. Die ausgeprägte Flugfähigkeit verlangt hohe Umzäunung. Weitere Verkleinerung wird angestrebt.

Goldhalsig

Gold-weizenfarbig

Zwerg-Kaulhühner

Herkunft: Um 1920 werden in der Fachliteratur kaulschwänzige Federfüßige Zwerghühner und Bantam beschrieben. In England waren schwanzlose schwarze Zwerg-Sultanhühner („Gondooks“) bekannt.

Rassegeschichte: Um 1900 brachte K. Huth/Frankfurt ein nackthalsiges, schwanzloses Zwerghuhn heraus. 1926 züchtete H. Ballabene, Wachenstedt, diese Variante in mindestens vier Farbenschlägen. 1926 offizielle Anerkennung. Gründung des Sondervereins 1959.

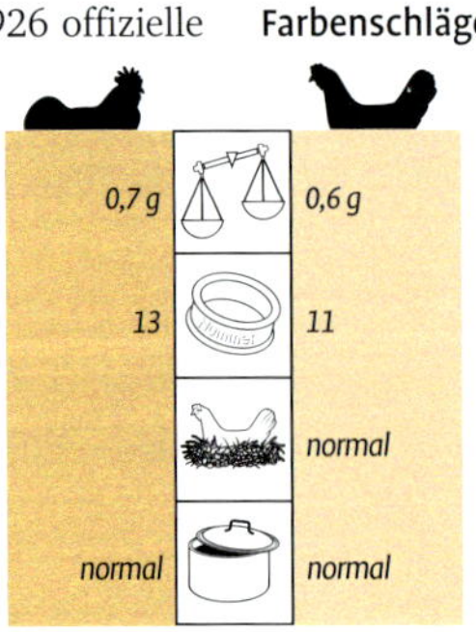

Form und Kopf: Wegen des fehlenden Schwanzes erscheint der Körper als gedrungene Walzenform. Auch der Hinterkörper soll die Breite der Schultern aufweisen. Die Vorderpartie ist bestimmt durch den vollen, bis auf die Schultern und die Oberbrust fallenden Halsbehang und die gut vorgewölbte Brustlinie. Nur kurze Schenkel und mittelhohe Läufe. Die Rumpfhaltung ist leicht abfallend. Die Schwingen sollen möglichst mit dem Körperende abschließen. Beide Geschlechter tragen Stehkämme mit etwas aufgerichteter Fahne. Kleine, runde Kehllappen und weiße, herzförmige Ohrscheiben. Rote bis braune Augenfarbe.

Farbenschläge: 1., 1.12, 1.14, 1.21, 1.4, 2.1, 2.8, 3.3 (diese drei Farbenschläge jeweils auch mit Mehrfachsäumung), 5.1, 5.2, 5.3, 5.6, 6.1, 8.1, 8.3, 8.6, 8.7, 9.1, 9.2, 10.7, 10.1, 10.2, 11.4.

Besonderheiten: Schwanzlosigkeit vererbt dominant. Relativ unempfindlich gegen raue Witterung.

Silberhalsig

Goldhalsig

Zwerg-Kraienköppe

Herkunft: Erste Vorstellung um 1940 in Holland (Hengelo/Enschede) des Züchters Siemerink als Twense Grijze Krielen. Weiterzucht durch G. ten Cate, Vierden.

Rassegeschichte: Große Kraienköppe, Zwerg-Malaien und Altenglische Zwergkämpfer waren die Ausgangstiere. 1955 Import der Rasse über Bruteier durch B. Ahlbrand, Recklinghausen. Aufnahme der Silberhalsigen in den deutschen Standard 1957. Goldhalsige wurden 1964 anerkannt.

Form und Kopf: Die Körperhaltung ist leicht nach hinten abfallend. Das Kämpfererbe zeigt sich in den breiten, etwas hervortretenden Schultern. Die Brust ist nicht tief gehend, aber voll und breit. Lang und breit soll die Schwanzpartie des Hahnes sein, mit Sichelenden, die zum Körper zeigen. Die Henne trägt die Steuerfedern leicht offen. Übermittellange Schenkel und Läufe bringen den etwas hohen Stand nach Kämpferart. Die Rumpfhaltung der Henne ist mehr waagerecht. Auch die Kopfpunkte wirken leicht kämpferartig: kurzer, breiter, gewölbter Schädel mit fest aufliegendem Wulstkamm. Kehllappen sehr klein, kleine Wamme dazwischen. Wenig entwickelte, rote Ohrlappen. Etwas tief liegende, gelblich rote Augen.

Farbenschläge: 1.4, 2.1.

Besonderheiten: Zwerg-Kraienköppe liegen in der Legeleistung unter den Zwergrassen mit an der Spitze: Relativ anspruchslos und robust. Feines Farb- und Zeichnungsspiel im Schaukäfig.

Silberhalsig

Silberhalsig

Zwerg-Krüper

Herkunft: Vor 1921 gab es schon in Deutschland Bemühungen, die Krüper-Rasse zu verzwergen. Dürigen erwähnt „possierliche Miniaturbilder der Krüper". Seit 1989 befinden sich Zwerg-Krüper in der „Züchterwerkstatt".
Rassegeschichte: Das braune dänische Zwerg-Luttehuhn wirkte bei der Herauszüchtung der rebhuhnfarbigen Zwerg-Krüper mit. Silberhalsige der Großrasse und silberhalsige Deutsche Zwerghühner brachten den weißen Farbschlag hervor. Dieser und die Silberhalsigen wurden 1994 anerkannt.
Form und Kopf: Vorne ist der walzenförmige, lange Körper etwas angehoben. Langer und breiter Rücken. Sattel möglichst in der gleichen Breite wie die Schultern. Große, fest anliegende Flügel. Die Unterlinie wird gebildet durch die tief gehende Brust- und Bauchpartie. Der rasseeigene Stand ist durch die kurzen Schenkel und Läufe sehr tief. Abschlussgefieder ohne Besonderheiten. Der Hahn trägt den einfachen Stehkamm, die Henne den hinten umliegenden fein gezackten Kamm. Nicht zu große Kehllappen, mandelförmige, weiße Ohrscheiben. Rote bis dunkelbraune Augenfarbe.
Farbenschläge: 2.1, 5.5.

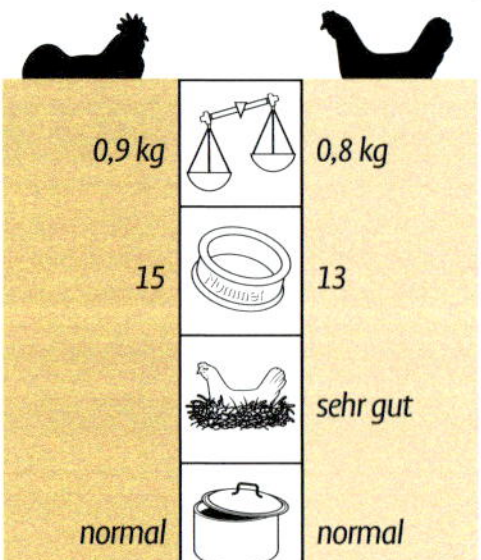

Besonderheiten: Trotz der Kurzbeinigkeit sind Zwerg-Krüper wie die Großrasse sehr agil und bewegungsfreudig. Ihre gute Flugfähigkeit erfordert recht hohe Umzäunung. Der Experte R. Wandelt bezeichnet sie zutreffend als „ungemein legefreudige Robusthühnchen".

Schwarz

Schwarz

Zwerg-La Flèche

Herkunft: Angeblich sollen vor den deutschen Erstzuchten in Frankreich verkleinerte Zwerg-La Flèche vorgekommen sein (L. Paret).

Rassegeschichte: Als eigentlicher Erzüchter gilt H. Seebach, Vechte, der Deutsche Zwerghühner, Zwerg-Rheinländer und große La Flèche verwendete. Erstvorstellung 1961. Die Anerkennung wurde aber erst 1970 vollzogen.

Form und Kopf: Walzenform mit der breiten, vorgewölbten Brust und voller Bauchrundung. Der lange Rücken fällt beim Hahn stärker ab als bei der Henne in fast waagerechter Haltung. Die Sicheln des Hahnes sind recht lang, nur knapp dagegen ist die Nebenbesichelung. Der Kamm besteht aus zwei, möglichst gleich langen, runden ca. 1 cm langen Fleischhörnern, die senkrecht stehen sollen. Auf dem Nasenrücken befindet sich Kammfleisch und bildet in der Mitte eine kleine, federbesetzte Rinne. Beim Hahn ein kleiner, bei der Henne ein deutlich größerer Federschopf. Große, aufgeweitete Nasenlöcher mit einer kleinen Fleischwarze dazwischen. Der Stand ist durch die kräftigen Schenkel und die langen Läufe höher als normal. Lange, breite Kehllappen, reinweiße Ohrscheiben, rötlich gelbe bis rote Augen.

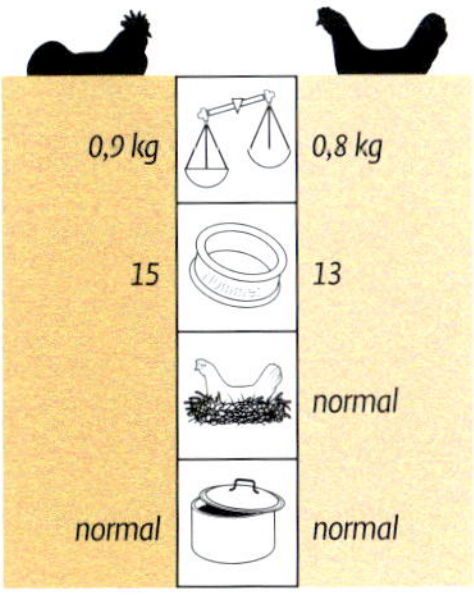

Farbenschläge: 5.1, 5.4, 5.5.

Besonderheiten: Als Erbe der Großrasse sind die Zwerge gegen ungünstige Klimaverhaltnisse widerstandsfähig, legen gut und suchen sich bei freiem Auslauf aufgrund ihrer Beweglichkeit einen Teil ihres Futters selbst.

Zwerg-Lakenfelder

Herkunft: Die Angabe im deutschen Standard „Deutschland“ als Herkunftsland ist deshalb unzutreffend, weil schon 1937 und möglicherweise 1939 in der niederländischen Region Twente Zwerg-Lakenfelder existiert haben.

Rassegeschichte: In Deutschland brachte F. Börger in Bremen 1972 unter Verwendung von Bassetten, wachtelfarbigen Antwerpener Bartzwergen und klein gebliebenen Lakenfeldern die Rasse zur Anerkennung.

Form und Kopf: Gerundete Rechteckform. Dabei wirkt die Henne diesbezüglich durch die fast waagerechte Haltung, die volle Brust und den gut entwickelten Bauch noch typhafter. Breite Steuer- und Sichelfedern. Durch die wenig sichtbaren Schenkel ist der Stand kaum mittelhoch. Die Fahne des Stehkamms beim Hahn steigt etwas an. Die Henne zeigt manchmal zulässigerweise das zur Seite geneigte Kammblatt. Die weißen Ohrscheiben dürfen rot gerändert sein. Die Kehllappen sind fein im Gewebe.

Farbenschlag: Bei weißem Rumpfgefieder zeigen Hahn und Henne tiefsamtschwarzes Gefieder an Kopf, Hals und Schwanz. Außerdem sind die Schwingen in den Innenfahnen schwarz bis schwarzgrau.

Besonderheiten: Von der leistungsstarken Großrasse haben auch die Zwerge die sehr gute Legeleistung, die leichte Aufzucht der Küken und die Beweglichkeit bei der Futtersuche geerbt.

0,8 kg	0,7 kg
13	11
	sehr gut
normal	normal

Zwerg-Leghorn

Herkunft: Gemäß ihrer Entstehung wird die Rasse in manchen Verzeichnissen und auf Europa-Ebene als Amerikanische Zwerg-Leghorn geführt. Ab 1940 im US-Standard. Die weiteren Farbenschläge in Übersee kennzeichnen eher die Rasse Zwerg-Italiener, wofür zunächst auch der Begriff Leghorn verwendet wurde.

Rassegeschichte: In den USA erzielte man die Verzwergung durch Verpaarung von gelbläufigen Zwerghühnern mit den großen Leghorns. Der Heidelberger Züchter F. Treiber konnte 1962 einige Tiere importieren. 1964 wurde die Rasse anerkannt.

Form und Kopf: Waagerechte Haltung des langen Rumpfes mit breiten Schultern, voller und tief heruntergehender Brust und gut ausgefüllter Bauchpartie. Die Rückenlinie geht ohne Winkel in den großfedrigen, gefächerten und gut besichelten Hahnenschwanz über. Der Schwanz der Henne soll auch breit angesetzt sein und etwas offen getragen werden. Kräftige, gut sichtbare Schenkel und feinknochige Läufe. Mittelgroßer Einfachkamm mit waagerechter Kammfahne, bei der Henne hinten zur Seite umliegend. Augenfarbe rot.

Farbenschlag: Ausschließlich reinweiß.

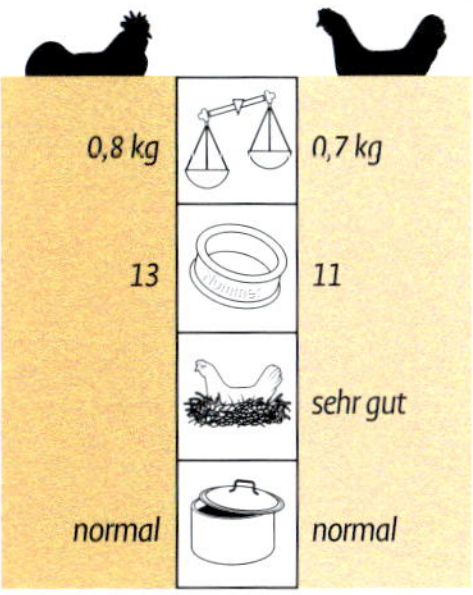

Besonderheiten: Leider relativ wenig verbreitet. Ähnliche Spitzenleistungen im Legen wie die Großrasse. Ästhetisch feine Figur und apartes Farbspiel durch rote Kopfpunkte, weißes Gefieder und gelbe Läufe („schlichte Eleganz").

Gold-weizenfarbig

Porzellanfarbig

Zwerg-Malaien

Herkunft: Seit Mitte des 19. Jahrhunderts bei W. F. Entwisle/Wakefield aus Asil und großen Malaien entstanden.

Rassegeschichte: Der Deutsche H. Marten/Lehrte importierte noch vor 1900 englische Tiere. 1984 Schwarze bei A. Lück, Rosenheim, und N. Stockhaus, Hamm. 1990 Blau-Weizenfarbige bei E. Fuß, Maintal.

Form und Kopf: Die Oberlinie beginnt hinter dem sehr kräftigen, kurzen Kopf mit dem langen Hals, dessen Gefieder in der Mitte am stärksten ist und sich dann nach unten vermindert, nach hinten bogenförmig, über den breiten, mittellangen, gewölbten Rücken in abfallender Haltung bis zum kurzen, wenig befiederten Schwanz, der den dritten Bogen bildet und abwärts getragen wird. Die Schultern stehen ab und treten eckig hervor. Gut geschlossene Flügel, die auf dem Sattel zusammengelegt werden. Muskulöse, lange, starke Schenkel und lange, kräftige Läufe. Das Gefieder ist überall hart und schmal. Kleiner eiförmiger Wulstkamm ohne Dorn. Kaum Kehllappen, stattdessen an der Kehle nackte, rote Haut in Form einer kleinen Wamme. Kleine, rote Ohrlappen; perlfarbige bis gelbliche Augen, die bei Jungtieren gelb bis orangefarbig sein dürfen.

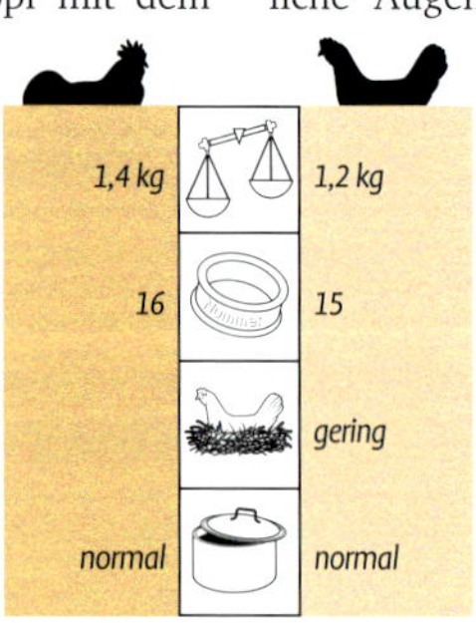

Farbenschläge: 1.12, 1.14, 1.26, 2.1, 3.1, 3.7, 5.1, 5.5, 6.1, 7.13, 10.7, 11.4.

Besonderheiten: Die Legeleistung ist nicht sehr hoch. Bei der Aufzucht der Jungtiere ist Knochen bildendes Futter erforderlich.

Schwarzkupfer

Schwarzkupfer

Zwerg-Marans

Herkunft: Entgegen der Darstellung im deutschen Standard ist nicht Frankreich, sondern England die Entstehungsregion.

Rassegeschichte: Wenig bekannt. In britischen Zuchten sollen ab 1929 Zwerg-Marans ohne Laufbefiederung entwickelt worden sein. Zunächst gab es nur die Farbenschläge Gold und Silber, entstanden aus den großen Marans. Weiße und Schwarze konnten sich nicht durchsetzen. Relativ neu sind die Dunkel-Gesperberten. In Deutschland sind nur die Schwarz-Kupferfarbigen anerkannt, die wiederum in England unbekannt sind.

Form und Kopf: Der Körper ist breit, vom Rücken bis zu den Beinansätzen tief und wirkt gestreckt. Der lange, flache Rücken ist auch in der Sattelpartie breit und wird fast waagerecht gehalten. Die breiten Schultern sind hoch angesetzt. Breiter Schwanzansatz, beim Hahn kaum mittellange Sicheln, jedoch volle Nebenbesichelung. Unterlinie: breite, tiefe Brust, volle, gut entwickelte Bauchpartie. Kaum mittellange, jedoch kräftige Schenkel und starke Läufe. Der Einfachkamm trägt 4 bis 6 Zacken; bei der Henne ist er hinten geneigt. Rote Ohrlappen, normale Kehllappen. Die Augenfarbe ist orangerot.

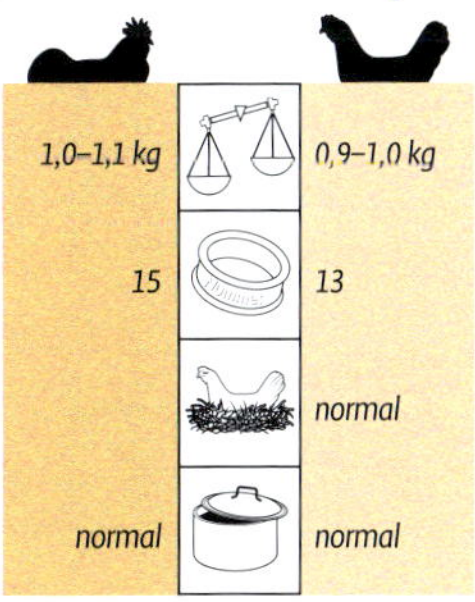

Farbenschlag: Ausschließlich schwarz-kupfer.

Besonderheiten: Wer über wenig Stallraum und Auslauf verfügt und dennoch gerne die attraktive rotbraune Schalenfarbe haben möchte, dem seien Zwerg-Marans empfohlen.

Zwerg-Mechelner

Herkunft: In Deutschland erzüchtet; 2003 als eine der neuesten Zwerghuhnrasse offiziell anerkannt.

Rassegeschichte: Veröffentlichungen aus den „Züchterwerkstätten“ liegen noch nicht vor. Vermutlich wurde durch Selektion aus der Großrasse und unter Verwendung nicht bekannter Zwerghuhnschläge die Miniaturausgabe des Zwiehuhns Mechelner erzielt.

Form und Kopf: Das Exterieur wird aus der breiten, tiefen und langen Rechteckform des Rumpfes gebildet. Dazu trägt schon der reich befiederte Hals bei. Die Rückenlinie ist recht lang und gerade. Breite, abgerundete Schultern, tief heruntergehende Brust und die gefüllt erscheinende Bauchlinie zeigt auch beim Zwerg den Masthuhntyp an. Die muskulösen Schenkel stehen relativ breit auseinander. Die Läufe sind an den Außenseiten bis zu den Außenzehen befiedert, wobei auch leichte Mittelzehenbefiederung vorkommen kann. Zum „vierschrötigen“ Typ passt nur ein kurzer, breiter Schwanz, der beim Hahn nicht zu lange Sicheln tragen darf. Der kräftige Landhuhntyp kommt bei der Henne formlich noch mehr zur Geltung. Einfache Kopfpunkte ohne Besonderheiten. Die Augenfarbe ist orangerot.

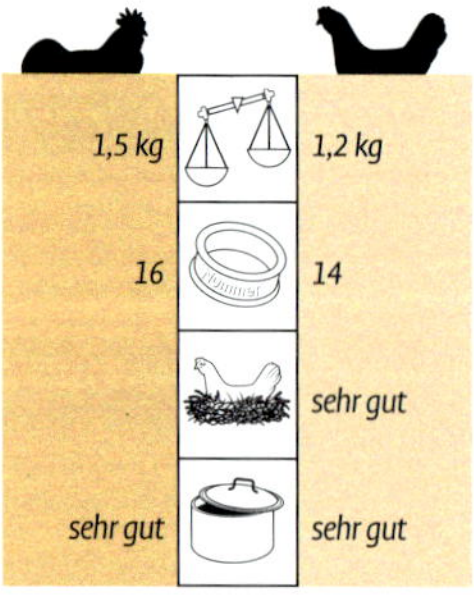

Farbenschlag: Ausschließlich gesperbert.

Besonderheiten: Überdurchschnittliche Leistungsmerkmale in punkto Eier- und Fleischerzeugung. Ruhiges Temperament. Da die Tiere wenig fliegen, ist nur geringe Zaunhöhe erforderlich.

Schwarz

Schwarz

Zwerg-Minorka

Herkunft: Auf englischen Schauen zeigte 1910 H. McFarlane, Durham, Schwarze und Weiße.

Rassegeschichte: In Deutschland gilt als älteste Zucht die um 1920 in Kötzschenbroda existierende von Lützner. Weiße gab es noch vor 1938 in Leipzig, waren vorübergehend ausgestorben, wurden aber 1977 neu herausgebracht. 1985 Rosenkämmige in Schwarz durch die Einkreuzung von Zwerg-Rheinländern.

Form und Kopf: Langer Körper in fast waagerechter Haltung. Eleganz kommt durch den langen Hals und die mindestens mittellange Standhöhe zum Ausdruck. Die breiten Schultern treten etwas hervor, die Brust und der Bauch sind betont entwickelt. Der Hahnenschwanz ist mit mittellangen Haupt- und zahlreichen Nebensicheln besetzt. Der Schwanz der Henne ist geschlossen und wird möglichst flach getragen. Wichtig sind die Kopfpunkte: entweder großer Einfachkamm, der bei der Henne nach der Seite hin umgelegt sein kann, oder niedriger, fest aufsitzender Rosenkamm mit einem schmalen Dorn, der dem Nacken folgt. Große, glatte, weiße Ohrscheiben, die glänzen müssen. Nicht zu kleine Kehllappen. Die Augenfarbe ist bei den Schwarzen dunkel- bis schwarzbraun, bei Weißen gelbrot.

Hahn		Henne
1,0 kg	Gewicht	0,9 kg
15	Ringgröße	13
	Brut	gut
normal		normal

Farbenschlag: 5.1, 5,5.

Besonderheiten: Ein Experte formuliert: „Hart, frohwüchsig, widerstandsfähig, fleißig und sehr bescheiden“ (Diekmann).

Silber-schwarz geflockt

Gesperbert

Zwerg-Nackthalshühner

Herkunft: Erster Versuch der Herauszüchtung bei K. Huth, Frankfurt, 1898. Erst ab 1905 fanden die Tiere von O. Marholf, Berlin, offizielle Zustimmung.

Rassegeschichte: Tiere der Großrasse und deutsche Landzwerghühner stellten die Elterntiere für die weißen und rebhuhnfarbigen Zwerge. Erst der Experte für die Großrasse, B. Noack, Zossen, brachte 1937 typische Tiere heraus, die aber seinerzeit wieder verboten wurden. In Sachsen entstanden dann ab 1945 auch die Gesperberten. Rote wurden ab 1950 von K. Hülich, Neusalza-Spremberg, in Leipzig ausgestellt. 1970 die Silber-Schwarzgeflockten, 1978 die Blau-Gesäumten.

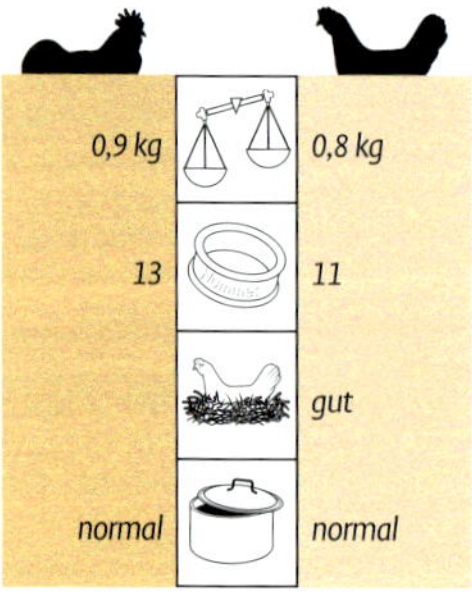

Form und Kopf: Kräftiger, gestreckter Körper und leicht abfallende Rückenlinie. Hinter dem Halsansatz erscheint der Rücken leicht nach oben gewölbt. Ohne Eckenbildung verläuft die Sattellinie in den mit voller Besichelung ausgestatteten Hahnenschwanz. Gesamte Hinterpartie in der Seitenansicht breit. Kräftige Schenkel, feinknochige Läufe. Volle Unterlinie. Der leicht s-förmige, gebogene Hals ist völlig federfrei, einschließlich Kropf und rothäutig. Entweder einfach- oder rosenkämmig. Rote Ohrlappen. Das Brustbein ist aufgrund der knappen Befiederung frei von Federwuchs.

Farbenschläge: 1.1, 5.1, 5.4, 5.5, 5.6, 5.7, 6.1, 8.1, 11.4.

Besonderheiten: Ausgefallene Rasse mit relativ geringer Verbreitung, jedoch hoher Schauwert.

Goldbraun

Weiß

Zwerg-New Hampshire

Herkunft: Ab 1960 Versuche in Österreich, die überaus beliebte Großrasse zu verzwergen.

Rassegeschichte: Erst Anfang der Sechzigerjahre gelang die Miniaturausgabe bei E. Runne, Ehlershausen und A. Zumpe, Dresden. Die Ausgangstiere waren Zwerg-Welsumer, Zwerg-Wyandotten, Antwerpener Bartzwerge und Tiere der Großrasse. Anfänglich noch viele Tiere in Übergröße. In Deutschland 1961 anerkannt. Seitdem sehr starke Verbreitung.

Form und Kopf: Der Körper muss breit sein. Dazu tragen die breite, leicht durchgebogene Rückenpartie (tiefster Punkt über den Beinen), die breiten Schultern, die volle Brust- und Bauchpartie bei. Der Sattel soll nicht schmaler sein als die Schultern. Im Stand deutlich frei durch die kräftigen Schenkel und die mittellangen Läufe. Der Hahnenschwanz wird etwas geöffnet getragen und ist seitlich mit abdeckenden Neben- und hinten mit breiten Hauptsicheln besetzt. Der Schwanz der Henne ist breit angesetzt und soll etwas geöffnet sein. Keine Abweichungen in den Kopfbehängen. Augenfarbe orangefarbig bis rötlich braun.

Farbenschläge: 4.11, 5.5

Besonderheiten: Eine der am meisten verbreitetsten Zwerghuhnrassen mit ausgesprochenen Vorteilen hinsichtlich Frühreife, Wetterfestigkeit, ausgezeichneter Futterverwertung, hoher Legeleistung, Zutraulichkeit und beliebter brauner Eischalenfarbe.

Kennsperber

Blausperber

Zwerg-Niederrheiner

Herkunft: Um 1940 von E. Runne, Ehlershausen, aus großen Niederrheiner Blausperbern erzüchtet.

Rassegeschichte: Im damaligen politischen Regime wurde die Rasse eliminiert, obwohl sie schon seit ihrem Anfang ungewöhnlich leistungsstark war. Erst 1954 war der Erzüchter wieder erfolgreich und brachte die Rasse in den Farbenschlägen Blau-, Gelb- und Kennsperber zur Anerkennung. 1961 endgültiger Rassename. 1969 entstanden bei G. Roth die Blauen, 1971 bei H. Schrage, Bielefeld, die Birkenfarbigen. Nach 1979 kamen die Blau-Birkenfarbigen und die Blau-Orangebrüstigen. 1985 Gelbsperber bei E. Reiche, Beckwitz, und G. Morgenstern, Belzig.

Form und Kopf: Waagerechte Rückenlinie, vor dem Sattel hohlrunder Anstieg in den breiten Schwanz mit hoher Steigung und gerundeten Sichelfedern beim Hahn. Diesen „Rückenschwung“ muss auch die Henne zeigen; ihr Schwanz ist in der Seitenansicht recht breit. Unterlinie: starke Ausprägung von Brust und Bauch bei der Henne; beim Hahn etwas weniger. Muskulöse, hervortretende Schenkel, mittelhohe Läufe. Einfachkamm mit gesenkter Fahne; kleine rote Ohrlappen, mittelgroße Kehllappen. Die Augenfarbe ist je nach Farbenschlag unterschiedlich.

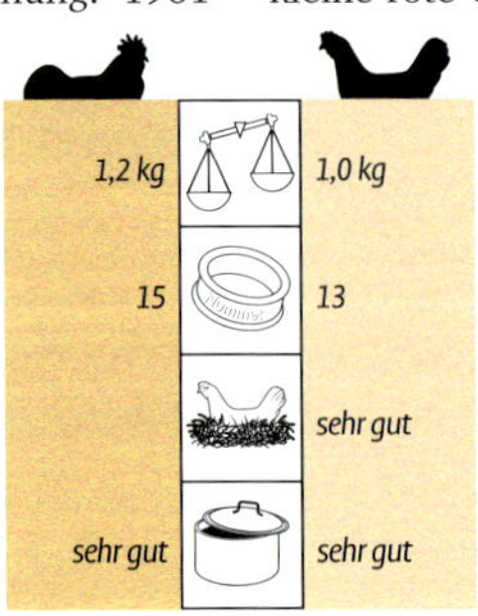

Farbenschläge: 1.23, 2.4, 2.9, 5.3, 6.2, 6.3, 6.5.

Besonderheiten: Gute Mästbarkeit, feines Tafelfleisch. Starke Verbreitung, sehr beliebtes Zwerghuhn, auch für den Schaukäfig.

Rotbunt

Rotbunt

Zwerg-Orloff

Herkunft: Die ersten Exemplare bei K. Lohmann, Paderborn, und Beckhoff, Nordwalde, um 1925 konnten sie sich rasse- und verbreitungsmäßig nicht durchsetzen.

Rassegeschichte: Neuzüchtung 1947 bei O. Squarr, Wilhelmshaven. 1952 Aufnahme in den Standard. In der Weiterzucht wurden bärtige Zwerg-Rhodeländerhennen und Altenglische Zwerg-Kämpfer eingesetzt. 1975 Zulassung der Weißen, Erzüchter G. Pien, Hamburg. 1979 Gesperberte.

Form und Kopf: Vorderkörper nach Kämpferart etwas aufgerichtet. Die breiten Schultern sind deutlich abgesetzt. Auch der lange, gerade Hals passt zum Typ. Halsgefieder beim Hahn im Nacken aufgebauscht. Bei der Henne ist die Halsbefiederung zur Halskrause gebildet. Mittellanger, breiter und flacher Rücken. Hahnengefieder hinter dem breiten Sattel nicht zu stark. Haltung des Schwanzes rechtwinklig. Die Brust ist zwar breit, aber nicht vorgewölbt. Bauch der Henne noch etwas voller. Gut hervortretende Schenkel, mehr als mittelhohe Läufe. Die Kopfpunkte: Backen- und Kinnbart sind deutlich getrennt und üppig. Kehl- und Ohrlappen vom Bart verdeckt. Kleiner Wulstkamm mit Mulden, teilweise mit borstigen Federchen bewachsen. Überstehende Augenbrauen, perlfarbige bis orangerote Augen.

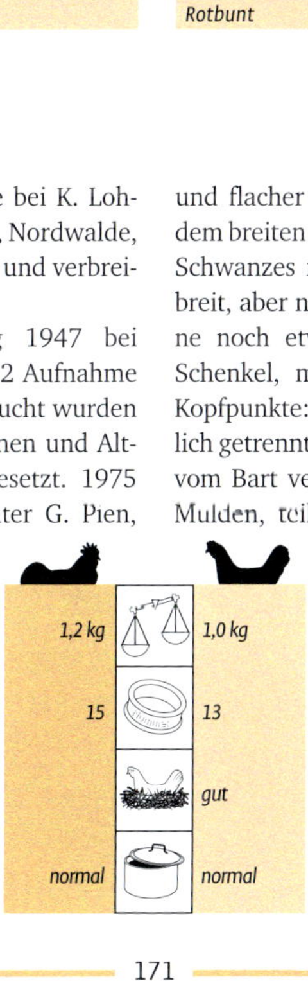

Farbenschläge: 1.17, 5.1, 5.5, 6.1, 10.7, 11.2.

Besonderheiten: Früher Legebeginn, relativ hohe Jahresleistung. Die Kopfbefiederung ist vorteilhaft bei strenger Witterung.

Birkenfarbig

Gelb

Zwerg-Orpington

Herkunft: In Deutschland entstanden die ersten Zwerg-Orpington bei E. Kühn, Leipzig, ab 1907.

Rassegeschichte: Aus schwarzen Zwerg-Cochin und schwarzen, einfachkämmigen Bantams fielen Schwarze und Weiße. Blau-Gesäumte konnten sich zunächst nicht durchsetzen. Mitte der Zwanzigerjahre entstanden Weiße, um 1930 Rebhuhnfarbige bei Prösdorf, Altenburg. Nach 1945 Wiedererzüchtung der Blau-Gesäumten. K. H. Schmidt, Frielendorf, setzte die Zucht der Gestreiften von Segiêts ab 1952 fort. 1965 Rote. 1972 Birkenfarbige von K. H. Schmidt. 1976 Bunte. 1993 Gelb-Schwarzgesäumte.

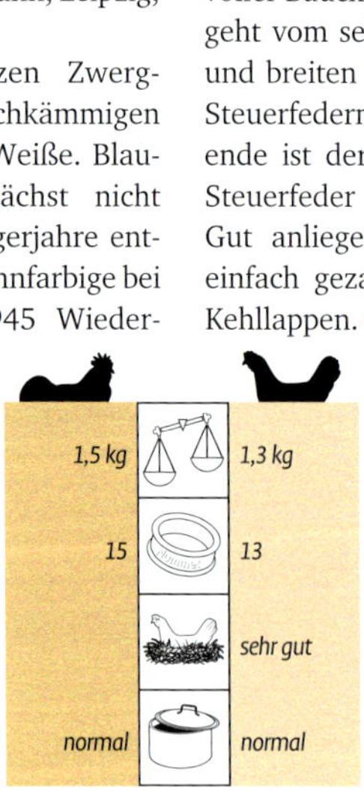

Form und Kopf: Der Körperrahmen entspricht einem Würfel. Waagerechte Haltung, kurzer Rücken, breite Schultern, tief gehende Brust, voller Bauch. Die Abschlusspartie der Henne geht vom sehr breiten Sattel in den kurzen und breiten Schwanz mit den eingedeckten Steuerfedern über. Kurz vor dem Schwanzende ist der höchste Punkt. In der dritten Steuerfeder soll der äußerste Punkt sitzen. Gut anliegende Flügel. Auf kurzem Kopf einfach gezackter Kamm. Kleine Ohr- und Kehllappen. Orangerote bis schwarze Augenfarbe. Tiefer Stand durch flaumiges Gefieder an den Schenkeln und breit stehende kurze Läufe.

Farbenschläge: 2.4, 4.5, 5.1, 5.4, 5.5, 5.6, 5.7, 6.4, 7.7, 10.7, 11.4.

Besonderheiten: Günstige Eigenschaft als Nichtflieger.

Chamois

Blau

Zwerg-Paduaner

Herkunft: Bei W. F. Entwisle, Wakefield/England, entstanden auch Ende des 19. Jahrhunderts Zwerg-Paduaner in gleich 10 Farbenschlägen. 1894 Anerkennung der Weißen, 1898 Chamois-Weißgesäumte.

Rassegeschichte: Um 1890 die ersten Tiere in Deutschland. 1910 Nationale Schau in Berlin mit Weißen von M. Bachmann, Grimma. Gold-Schwarzgesäumte und Chamois-Weißgesäumte gab es in hohem Zuchtstand um 1925. In dieser Zeit Herauszüchtung der Silber-Schwarzgesäumten durch H. Beyer, Solingen. Starker Rückgang der Rasse durch die beiden Weltkriege. 1971 Herauszüchtung der Blauen mit und ohne Säumung durch F. Ahlgrimm, Kirchhain, und W. Wagner, Launsbach.

Form und Kopf: Rumpf zwar gestreckt, Rücken nur mäßig lang. Das Schmuckgefieder des Hahnes ist gut entwickelt. Die Schwanzhaltung ist offen und steht im rechten Winkel. Hervorstechendes Rassemerkmal: Die Kopfbefiederung besteht aus der kugelförmigen Haube, beim Hahn aus schmalen, spitzen, verlängerten, bei der Henne aus breiten und dichten Federn. Der Bart wird unterteilt in Kinn- und Backenbart. Kehl- und Ohrlappen sind davon bedeckt. Mittelhoher Stand. Augenfarbe bräunlich, bei Weißen und Gesperberten orangerot.

Farbenschläge: 5.1, 5.4, 5.5, 6.1, 7.3, 7.4, 7.8.

Besonderheiten: Zur Pflege und Schauvorbereitung gehören Vorbeuge gegen Ektoparasiten im Haubengefieder, Waschen und Lockern der Federspulen.

Goldhalsig

Wildfarbig

Zwerg-Phönix

Herkunft: Verzwergung der legendären Großrasse ab 1880 durch L. Neubert, Niederbobritzsch, aus großen Phönix und Altenglischen Zwerg-Kämpfern. Erstvorstellung in Dresden 1889.

Rassegeschichte: Bei O. Giesche, Forst/Lausitz,entstanden Tiere mit eher kurzer Körperform und Befiederung. „Echte Zwerg-Phönix" des langfedrigen Typs brachte dann G. Hartung, Grimma, heraus. Später dann Silber- und Orangehalsige. 1988 Anerkennung der Schwarzen. Vorher war dieser Farbschlag schon experimentell bei H. Falk, Willingshausen, und H. J. Stirn, Schwalmstadt, vorhanden.

Form und Kopf: Leicht abfallende Haltung, walzenförmiger, schlanker Rumpf. Langer Rücken, abgerundete Schultern, hoch getragene, gut geschlossene Flügel. Sattel des Hahnes reichlich befiedert; die üppig befiederte Partie ist der Schwanz mit langen, festen Steuerfedern und sehr langen Haupt- und Nebensicheln. Die Henne trägt säbelförmige, obere Schwanzdeckfedern und seitlich gebogene Deckfedern. Verlängert ist auch bei ihr das Hals- und Sattelgefieder. Klein sind Stehkamm, Kehllappen und Ohrscheiben in Weiß. Orangerot bis rot ist die Augenfarbe. Mehr als mittelhoch ist der Stand.

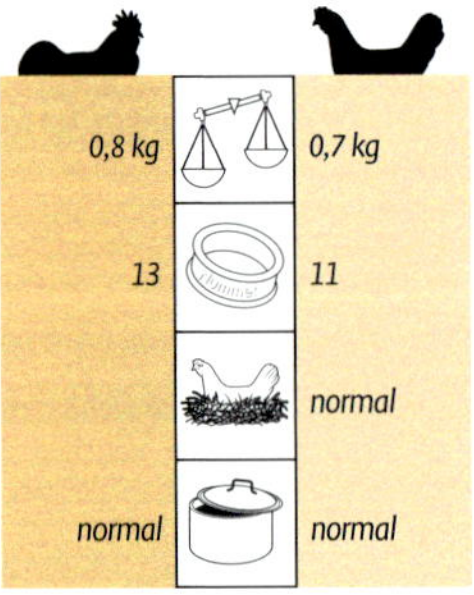

Farbenschläge: 1., 1.4, 2.1, 3.3, 5.1, 5.5.

Besonderheiten: Nach Meinung vieler Züchter sind Zwerg-Phönix die „Perlen" unter den Zwerghühnern. Sehr edle Figur, attraktives Federwerk, feine Farbenspiele.

Schwarz

Gestreift

Zwerg-Plymouth Rocks

Herkunft: Entgegen der Angabe im deutschen Standard „Deutsche Züchtung“ gilt der Amerikaner Latham als Herauszüchter um die Wende vom 19. zum 20. Jahrhundert. Nach W. Detering soll der Amerikaner auch „schlechte Schottenzwerge mit gelben Läufen und Schnäbeln“ verwendet haben.

Rassegeschichte: P. Büttner in Stürza, Sachsen, arbeitete ab 1908 mit großen Plymouth Rocks, grauen Zwerg-Schotten, Bantams und Zwerg-Cochin. 1916 Vorstellung in Berlin. Später Einkreuzung gestreifter Zwerg-Wyandotten. 1918 gab es Gelbe, Schwarze, Weiße und Rebhuhnfarbige. 1925 Schwarze bei J. Plock, Leipzig und Weiße bei A. Rennert, Plauen. 1959 wurden die Braungebänderten zugelassen.

Form und Kopf: In der Draufsicht soll der Sattel möglichst so breit wie die Schultern sein. Der Rücken steigt hinter dem Hals ohne Unterbrechung bis in die Schwanzspitze an. Der Hahnenschwanz ist durch die kurzen Sicheln eher klein, soll aber breit angesetzt sein. Die Bauchregion ist besonders bei der Henne voll und breit. Dem entspricht die gut gerundete, tief gehende Brust. Schenkel und Läufe sind mittellang. Fünfzackiger, kleiner Stehkamm, mäßig lange Kehllappen, schmale, sehr dünne, rote Ohrlappen. Die Augenfarbe ist rot.

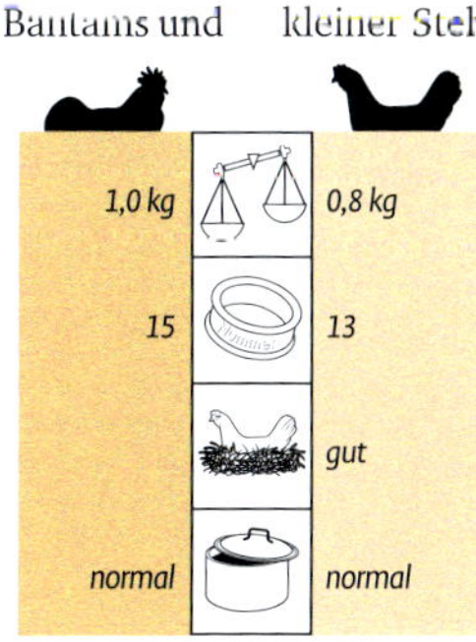

Farbenschläge: 1.4, 5.1, 5.5, 5.6, 6.4, 7.9, 7.11, 7.12.

Besonderheiten: Vitalität, Fruchtbarkeit, Schlupffreudigkeit und Frohwüchsigkeit sind eindeutige Pluspunkte. Durch die Frühreife der Hennen beachtliche Legeleistung.

Schwarz

Schwarz

Zwerg-Rheinländer

Herkunft: Der Erzüchter der Großrasse R. von Langen, Köln, brachte auch schon Zwergtypen heraus.

Rassegeschichte: 1921 Erstvorstellung der Schwarzen in Leipzig ohne Anerkennung. Gründung des Sondervereins 1923. Standardaufnahme erst 1932. Zulassung der Weißen 1938. Fast völliges Erlöschen der Bestände während des Krieges. Um 1950 Weiterentwicklung durch K. Lohmann, Paderborn. Blau-Gesäumte bei K. Brandes, Sehlem, H. Hinz, Bobenheim, und K. Städtler, Alferde, ab 1960 im Standard. 1972 Gesperberte von O. Hermjaten, Steinhagen, und H. Völkening, Kamen-Methler. B. Bäuerle, Esslingen-Sirnau, brachte 1964 Rebhuhnfarbige heraus.

Form und Kopf: Der Rumpf in der Länge zur Tiefe im Verhältnis 8:5. Der breite, flache und recht lange Rücken wird waagerecht gehalten. Volle und tiefe Brust, hinten gut gefüllte Bauchpartie. Die kräftigen Schenkel müssen sichtbar sein. Mittellange, feinknochige Läufe. Hoch getragener Hahnenschwanz aus breiten Steuer- und stark gebogenen, breiten Hauptsicheln mit stumpfen Enden. Kleiner, fein geperlter Rosenkamm mit gesenktem Dorn. Kleine, abgerundete Kehllappen und weiße, mittelgroße Ohrscheiben. Unterschiedliche Augenfarbe je nach Farbenschlägen.

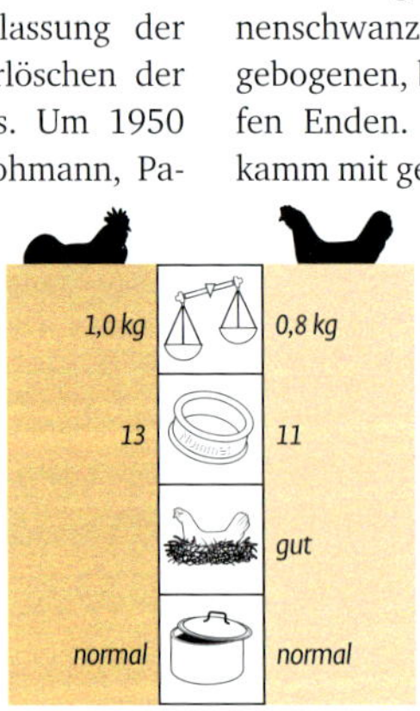

Farbenschläge: 1.1, 2.1, 5.1, 5.4, 5.5, 6.1.

Besonderheiten: Robustes Landhuhn. Gute Widerstandsfähigkeit in strengen Wintern. Lebhaftes, doch zutrauliches Wesen.

Zwerg-Rhodeländer

Herkunft: Entstehungsgebiet ist nicht Deutschland, wie im Standard angegeben, sondern England um 1910. Erste Präsentation in Deutschland 1914 aus der Zucht von A. Schlegel, Eilenburg/Sachsen.

Rassegeschichte: Wenige Jahre später experimentierten die Züchter Schank, Gelsenkirchen, Illing, Dresden und Weinberg, Zossen, mit klein geratenen Rhodeländern, rasselosen Zwerghühnern, gelben Zwerg-Cochin, Deutschen Zwerg-Langschan und Bantam. In den dreißiger Jahren war bei der Erstellung der Musterbeschreibung auch der bekannte Zoologe Prof. B. Grzimek beteiligt.

Form und Kopf: Abgerundete Rechteckform mit langer, gerade und waagerecht verlaufender Rückenlinie. Mittellanger, leicht angehoben getragener Schwanz mit breiten Sicheln beim Hahn, die die Steuerfedern nur leicht überragen. Die tiefe, volle und breite Brust zeigt wie die gut gefüllte Bauchregion den Leistungstyp an. Zwei Kammformen: entweder einfacher Stehkamm mit der Fahne über der Nackenlinie oder breiter, fest aufgesetzter Rosenkamm mit kurzem Dorn. Möglichst glatte Kehllappen; kleine, rote Ohrlappen. Rote bis orangerote Augenfarbe.

Hahn		Henne
1,2 kg		1,0 kg
15		13
		gut
normal		normal

Farbenschlag: Ausschließlich dunkelrote, glänzende Hauptfarbe. Schwarze Zeichnung in den Innenfahnen der Schwingen, in den Steuer-, Sichel- und Schwanzdeckfedern.

Besonderheiten: Zwerg-Rhodeländer sind stark verbreitet und beliebt. Leichte Aufzucht und das lackrote Erscheinungsbild tragen dazu bei.

Schwarz

Schwarz

Zwerg-Sachsenhühner

Herkunft: Aus schwarzen Tieren der Großrasse, Deutschen Zwergen, Zwerg-Australorps und Zwerg-Rheinländern erzüchtete zwischen 1971 und 1974 F. Bilzer, Trebur, die ersten Zwerge dieser Rasse.

Rassegeschichte: Die Anerkennung wurde seinerzeit, sowohl im Westen als auch im Osten Deutschlands abgelehnt, sodass ein erneuter Versuch beim gleichen Züchter zwischen 1981 und 1991 gestartet wurde. Offizielle Anerkennung 1995. Weiße bei H. Fricke, Rüsseina, 1997.

Form und Kopf: Mit breiten Schultern, vollem Sattel und langem Rumpf wirkt die Rasse gestreckt und kräftig zugleich. Ohne Unterbrechung geht die Sattellinie in den ebenfalls ansteigenden Schwanz über, der breit angesetzt und mit nicht zu schmaler Besichelung besetzt ist. Der Hennenschwanz ist in der Draufsicht leicht gerundet und von hinten leicht geöffnet. Etwas hervortretende Brust und lang ausgezogene Bauchlinie. Freier Stand in den gut sichtbaren Schenkeln. Mit 5 regelmäßigen Zacken ist der Kamm versehen, der auch bei der Henne stehen soll. Kleine Kehllappen; weiße, mandelförmige Ohrscheiben. Die Augenfarbe ist bei Schwarzen dunkelbraun, bei Weißen rot.

0,9 kg		0,8 kg
13		11
		gut
normal		normal

Farbenschläge: 5.1, 5.5.

Besonderheiten: Noch zählt diese junge Rasse zu den Raritäten, aber hinsichtlich der Legeleistung steht sie der Großrasse nicht nach, freilich mit geringerem Eigewicht. Schlichtes Huhn mit lebhaftem Temperament.

weiß

Silbergrau

Zwerg-Seidenhühner

Herkunft: In älterer Fachliteratur, zwischen 1879 und 1922, werden Zwerg-Seidenhühner erwähnt. Die seit vielen Jahrhunderten gezüchteten „großen" Seidenhühner galten bis 1987 als Zwergrasse.

Rassegeschichte: Beginn der Wiedererzüchtung der Zwergrasse bei dem Holländer Van't Wout um 1960. Zwischen 1977 und 1979 Wildfarbige, Blaue und Silbergraue. Aus Watermaalschen Bartzwergen entstanden dann bärtige Zwerg-Seidenhühner.

Form und Kopf: Das seidige Gefieder sorgt optisch für die allseitige Abrundung. Die kurze Rückenlinie steigt leicht nach hinten an. Der Stand ist durch die kurzen Schenkel mit der vollen Befiederung und den knapp mittellangen Läufen recht tief. Außenseite der Beine bis in die Außenzehen befiedert. Fünfzehigkeit: Die fünfte Zehe steht, gut getrennt von der vierten, etwas nach oben. Die Steuer- und Sichelfedern sind beim Hahn zum Grund hin in geschlossener Federfahne, am Ende möglichst weich und zerschlissen. Allerdings sitzen auch geschlossene Federn am inneren Teil der Hand- und Armschwingen. Schwärzlich blaue Farbe im Gesicht, am kleinen, walnussförmigen Kamm und den Kehllappen. Kleine, türkisblaue Ohrscheiben. Schwarzbraune Augen.

0,6 kg	0,5 kg
12	12
	normal
normal	normal

Farbenschläge: 1., 2.6, 5.1, 5.5, 5.6.

Besonderheiten: „Leichtgewicht" unter den Zwerghuhnrassen. Verkörpert durch ihr Aussehen das „Kindchenschema". Gute Brüterinnen für Ziergeflügel.

Zwerg-Spanier

Herkunft: Um 1880 soll es in England bei J. C. Cyell-Dundee Zwerg-Spanier gegeben haben. Nach L. Paret gelangten von diesen Tieren auch einige nach Deutschland.

Rassegeschichte: Wiedererzüchtung ab 1980 bei F. Hams, Ashord in Kent/England. Unabhängige Erzüchtung durch H. Kolb, Sandhausen ab 1987. Zwei Jahre später Importe von englischen Bruteiern durch R. Wandelt. Kolb hatte mit großen Spanierhähnen und Zwerg-Minorkahennen experimentiert. Aus drei Linien konnte die Nachzucht zur Anerkennung in Deutschland gebracht werden.

Form und Kopf: Schlanker, mittelgroßer Typ in stolzer Haltung. Walzenförmiger Rumpf mit mäßig langer, nach hinten leicht abfallender Rückenlinie. Wenig hervortretende, eher „eingebaute" Schultern. Der geschlossene Hahnenschwanz wird etwas angehoben getragen. Lange, nicht sehr voll befiederte Schenkel und lange, feinknochige Läufe. Reinweiße Gesichtsfarbe mit glacélederartiger Struktur in großer Ausdehnung vom Kamm bis zum Schnabelansatz. Dunkelbraue Augen. Einfach sind Kamm und Kehllappen. Weiße Ohrscheiben.

0,9 kg	0,8 kg
13	11
	normal
normal	normal

Farbenschlag: Ausschließlich schwarz mit grünem Glanz.

Besonderheiten: Das „geschminkte" Aussehen macht diese Rasse im Schaukäfig in Verbindung mit der roten Farbe des Kammes, der Kehllappen und der grün glänzenden Gefiederfarbe interessant. Relativ hohes Eigewicht. Reinweiße Schalenfarbe.

Schwarz

Schwarz

Zwerg-Strupphühner

Herkunft: Wahrscheinlich ist diese Rasse auch als Zwergform seit langem in Ostasien gezüchtet. Wiedererzüchtung in England um 1975. Aufnahme in den deutschen Standard 1980. Gründung des Sondervereins 1989.

Rassegeschichte: Irrtümlich wurden Zwerg-Strupphühner in Deutschland zu den Urzwergen gezählt, obwohl die Großrasse in England und in den USA vorhanden war.

Form und Kopf: Die Front des Körpers soll breit erscheinen; nach hinten schmaler werdend. Relativ kurzer Rücken, breite, etwas abgerundete Schultern, hoch getragene und vorgewölbte, dabei jedoch breite Brust. Kaum sichtbare Schenkel. Die Flügelhaltung ist etwas nach unten gerichtet. Der aufgerichtet getragene Schwanz ist beim Hahn voll besetzt mit gestruppten, gewellten und gedrehten Sicheln. Im Vordergrund steht die veränderte Gefiederstruktur: Lang und flaumreich wird diese verlangt. Jede Feder soll deutlich nach vorne gebogen sein, wobei das Halsgefieder des Hahnes eine starke, das der Henne eine weniger ausgebildete Krause bildet. Einfache Kopfpunkte mit roten Ohrlappen. Unterschiedliche Augenfarbe, den Farbenschlägen entsprechend.

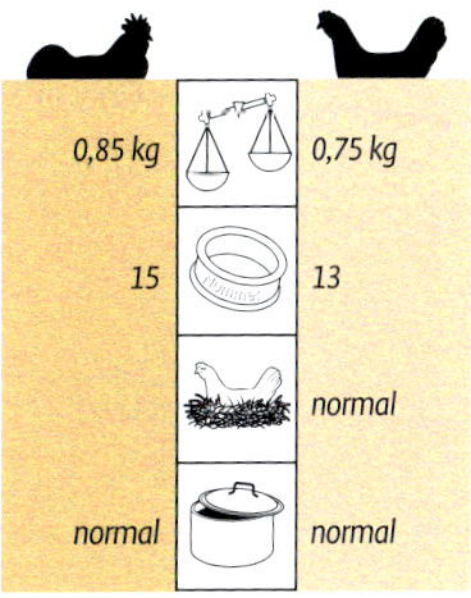

Farbenschläge: 5.1, 5.3, 5.5, 5.6, 5.7.

Besonderheiten: Dominant vererbende Mutation mit der Bezeichnung F für „Frizzled". In der Forschung werden drei verschiedene Typen unterschieden.

Blau-weizenfarbig

Weizenfarbig

Zwerg-Sulmtaler

Herkunft: Herauszüchter H. J. Webers, Isernhagen. Beteiligte Rassen: Große Sulmtaler, chamois-weiß gesäumte Zwerg-Paduaner, wildfarbige Deutsche Zwerge, gelbe Zwerg-Orpington.

Rassegeschichte: Erste Vorstellung 1960 in Hannover mit 32 Tieren. Aufnahme in den Standard 1961. Rückschläge in der Lauffarbe wurden durch weitere Verwendung einer rasselosen Zwerghenne, weizenfarbigen Zwerg-Kämpfern, Deutschen Zwerg-Lachshühnern und roten Zwerg-Orpington überwunden.

Form und Kopf: Von der breiten Rückenpartie zu den Schenkelansätzen viel Tiefe. Der Rumpf wird als Kastenform bezeichnet. Dazu die breite und volle Brust- und Bauchpartie. Schultern und Sattel in nahezu gleicher Breite. Voll bemuskelte, aber kaum sichtbare Schenkel, kaum mittelhohe Läufe. Der Hahnenschwanz ist voll besetzt mit breiter, aber mäßig langer Besichelung. Die Henne erscheint im Stand noch niedriger und waagerechter in der Körperhaltung. Beim Hahn stehender Einfachkamm mit ansteigender Fahne; bei der Henne im vorderen Teil ausgeprägter Wickelkamm. Ihr Schopf ist größer als der des Hahnes. Gut mittelgroße Kehllappen, kleinere, weiße Ohrscheiben, manchmal mit roten Rändern. Orangerote Augen.

Hahn		Henne
1,1 kg	Gewicht	0,9 kg
15	Ring	13
	Legeleistung	sehr gut
normal	Futter	normal

Farbenschläge: 1.12, 1.26.

Besonderheiten: Gefällige, warme Farbtöne. Zutraulichkeit und Genügsamkeit macht diese Zwergrasse in Verbindung mit der erstaunlich hohen Legeleistung zunehmend beliebt.

Zwerg-Sumatra

Herkunft: Nach Wolters belegt ein Fachaufsatz von 1936 die Existenz. Zunächst keine Verbreitung in Deutschland.

Rassegeschichte: Im amerikanischen „Standard of Perfection“ ist die Rasse ab 1960 verzeichnet. In England sollen Zwerg-Sumatra Ende der siebziger Jahre wieder erzüchtet sein. In Deutschland ab 1982 Importe aus Holland und Belgien durch G. Ernst, Rodgau. Einkreuzung von Altenglischen Zwerg-Kämpfern, Zwerg-Hamburgern und Zwerg-Rheinländern. Aufbau einer eigenständigen Linie durch K. Oeste und K. Bornträger, Kirchhain. Offizielle Anerkennung 1989.

Form und Kopf: Die etwas hervorstehenden Schultern zeigen Kämpfererbe, die walzenförmige Figur und der freie Stand bringen die Eleganz. Federreiches Hals-, Sattel- und Schwanzgefieder beim Hahn. Die langen Sicheln sind nur in der zweiten Hälfte gebogen und in den Fahnen sehr breit. Schwanzhaltung waagerecht, ohne zu schleppen. Hoch getragene, fest anliegende Flügel. Über den etwas hervorstehenden Augenbrauen sitzt der kleine Erbsenkamm in schwärzlicher Färbung, wie auch Gesicht und Kehllappen. Die Ohrlappen sind dunkelrot bis schwärzlich. Dunkelrotbraune Augen. Wie bei der Großrasse wird Mehrfachsporn, in Ansätzen auch bei der Henne, angestrebt.

Farbenschlag: Ausschließlich schwarz mit intensivem smaragdgrünen Glanz.

Besonderheiten: Zwerg-Sumatra brillieren im Schaukäfig durch ihre anmutige Eleganz und die feine Farbe.

Zwerg-Sundheimer

Herkunft: Vor 1945 gab es schon Zwerg-Sundheimer, erzüchtet aus Zwerg-Sussex und klein gebliebenen Tieren der Großrasse in Kehl-Sundheim.

Rassegeschichte: Nur wenige Tiere waren nach dem Zweiten Weltkrieg verblieben. Der Züchter F. Walter stellte 1952 in Hannover Zwerge aus, die leichter waren als die heutigen. Abbruch dieser Zucht 1961. Ab 1980 erneute Zucht bei J. Bilina, G. Copi und W. Wolff. Stammeltern waren Zwerg-Cochin, Deutsche Zwerg-Lachshühner, Zwerg-Sussex und große Sundheimer. Anerkennung als neue Rasse 1980.

Form und Kopf: Voller, breiter, tiefer Rumpf in fast waagerechter Haltung. Flacher, nur mittellanger Rücken. Hoch angesetzte Flügel. Leichter Anstieg über die Sattellinie zum kaum mittellangen Schwanz, der beim Hahn mit eher kurzen Sicheln besetzt ist. Ausgeprägte Unterlinie in Brust und Bauch. Knapp mittellange Schenkel, ebensolche Läufe, die an den Außenseiten bis über die Außenzehen kurze Befiederung tragen. Einfachkamm, bei beiden Geschlechtern stehend und gesenkte Fahne. Rote Ohrlappen, kurze, rundliche Kehllappen. Orangerote bis rote Augenfarbe.

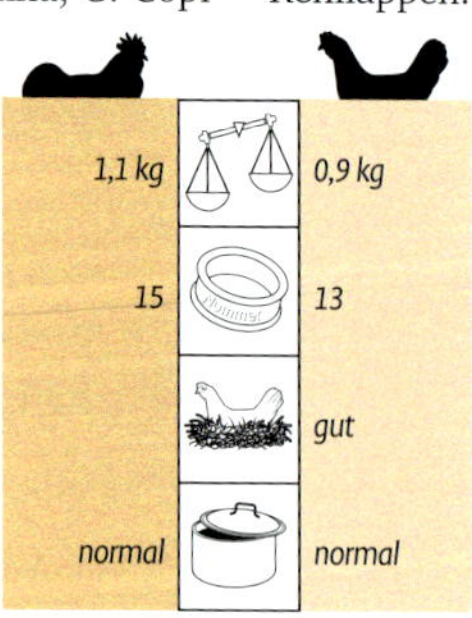

Farbenschlag: Ausschließlich weiß-schwarzcolumbia (Hell).

Besonderheiten: Wie bei der Großrasse bringen auch die Zwerge eine beachtliche Anzahl bräunlicher, manchmal punktierter Eier. Gute Widerstandskraft gegen raue Witterung.

Braun-porzellanfarbig

Schwarz-weißcolumbia

Zwerg-Sussex

Herkunft: Namensgebend ist die englische Grafschaft. Erste Vorstellung auf einer Schau in London 1924 im Farbschlag Hell.

Rassegeschichte: In Deutschland zeigte K. Lohmann, Paderborn, 1924 in Erfurt den bunten Farbschlag. Durch den Krieg erloschen die Zuchten fast völlig. Erst wieder 1956 standen die Farbenschläge Hell und Bunt auf der Nationalen Schau in Köln. Helle entstanden wieder bei D. Mohrdieck, Horst/Holstein aus weißen Deutschen Zwerghühnern und einer Henne der Großrasse. Bunte führen das „Blut“ von porzellanfarbigen Federfüßigen Zwergen, Altenglischen Zwerg-Kämpfern, Zwerg-Rhodeländern und schwarz-weiß gescheckten Zwerg-Wyandotten. E. H. S. Duckworth, Cotorne in der englischen Grafschaft Sussex, schwarzen Zwerg-Plymouth und Indischen Zwerg-Kämpfern den Farbschlag Grausilber. Zulassung in Deutschland 1969. Gelb-Columbia 1972 bei K. Bühler, Männdorf/Schweiz.

Form und Kopf: Kastenförmiger Rumpf, Verhältnis Tiefe zur Länge möglichst 2:3. Waagerecht gehaltener breiter, flacher Rücken. Möglichst gleich bleibende Breite in Schultern und Sattel. Tief getragene Brust mit guter Breite, besonders bei der Henne. Stand ohne Besonderheiten. Einfachkamm, stehend auch bei der Henne. Kleine rote Ohrlappen, mittellange Kehllappen. Augenfarbe: Orangerot.

Farbenschläge: 1.3, 2.3, 4.1, 4.5, 4.10, 11.3.

Besonderheiten: Beachtliche Leistungsstärke.

Zwerg-Vorwerkhühner

Herkunft: Die ersten Zuchtversuche um 1930 in Dresden führten nicht zum Erfolg. Wiederaufnahme der Rassebildung ab 1954 im Harz.

Rassegeschichte: Als eigentliche Herauszüchter gelten Reichstein, Halle, K. Josek, Weimar, und R. Zinner, Steinach. Erste Vorstellung 1956 in Leipzig. Im Westen brachte W. Avemarie, Groß-Rohrheim, 1963 unter Verwendung von doppelt gesäumten Zwerg-Barneveldern die ersten Zwerg-Vorwerkhühner heraus.

Form und Kopf: Der Körperrahmen bildet eine Rechteckform. Dabei ist Tiefe des Rumpfes vom breiten, leicht abfallenden Rücken bis zur breiten, voll ausgerundeten Brust und dem voluminösen Bauch ausschlaggebend. Der mittellange Hahnenschwanz trägt im Ideal recht breite Haupt- und Nebensicheln. Die Haltung der Henne ist mehr waagerecht. Das Abschlussgefieder ist etwas geschlossen, im Schwanzansatz in der Seitenansicht jedoch breit. Nur wenig sichtbare, aber kräftige Schenkel; feinknochige Läufe. Mittelgroßer Einfachkamm, der bei der Henne hinten geneigt sein darf. Rot gebänderte, weiße Ohrscheiben. Abgerundete Kehllappen. Die Augenfarbe ist orangegelb bis orangerot.

0,9 kg		0,8 kg
13		11
		gut
normal		normal

Farbenschlag: Ausschließlich Schwarz-gelb, d. h. Rumpfgefieder tiefgoldgelb, Kopf, Halsbehang, Hahnensattel, schwarze bis schwarzgraue Innenfahnen der Schwingen und Schwanzgefieder schwarz.

Besonderheiten: Angenehmes, kontrastreiches Farb- und Zeichnungsbild.

Rost-rebhuhnfarbig

Orangefarbig

Zwerg-Welsumer

Herkunft: Verzwergung der Großrasse um 1930 bei P. Wagner, Altenburg. Aus ideologischen Gründen zunächst nicht anerkannt.
Rassegeschichte: Wahrscheinlich war eine einzige überlebende Henne die Stammmutter der Nachkriegszucht, die dann 1947 anerkannt wurde. Mitbeteiligt waren Zwerg-Rhodeländer und Zwerg-Italiener. 1969 brachte A. Pesch, Rheydt, die Orangefarbigen heraus. Anerkennung der Silberfarbenen 1998.
Form und Kopf: Lang gestreckter geräumiger Körper mit breitem Rücken und gut gefüllter Unterlinie. Besonders die Henne zeigt den breiten Rumpfrahmen mit dem gut entwickelten Hinterteil. Die Haltung ist waagerecht, der Stand durch die kräftigen Schenkel und die mittelhohen Läufe eher frei als zu tief. Die Schwanzbefiederung beim Hahn besteht aus breiten Sicheln, die nicht italienerhaft lang sein dürfen. Einfachkämmig mit der Nackenlinie folgenden Fahne. Die Henne mit kleinem Stehkamm. Kurze Kehllappen; kleine, mandelförmige Ohrlappen. Orangerote Augenfarbe.
Farbenschläge: 1.2, 2.2, 3.4.
Besonderheiten: Populärstes Zwerghuhn mit der stärksten Verbreitung in Deutschland. Gelungene Kombination von förmlicher Eleganz, feinem Farb- und Zeichnungsspiel und außergewöhnlicher Leistungseigenschaften. Das Eigewicht ist mit 50 Gramm für eine Zwergrasse überraschend hoch. Beliebt ist die rötlich braune Eischalenfarbe.

Gestreift

Gold-blau gesäumt

Zwerg-Wyandotten

Herkunft: Namensgebend war ein nordamerikanischer Indianerstamm (Wyandots). Seit 1906 in England.

Rassegeschichte: In Deutschland ebenfalls seit 1906, importiert von K. Huth, Frankfurt. Schwarze 1909, 1910 Gestreifte bei R. Günter, Leipzig, 1917 Dunkle, 1920 Helle, Gold-Schwarzgesäumte, Gelbe und Rote, Weiße 1922. Silber-Schwarzgesäumte 1921. In den Dreißigerjahren Blaue. Durchzüchtung der Roten ab 1988 bei W. Schulze, Siegen. Gelb-Columbia 1964 bei K. Nimmich, Wolfenbüttel. 1973 Bunte. 1980 Kennfarbige bei R. Weidling, Alsfeld, und Gelb-Weißgesperberte bei H. Odefey, Sterup. N. Hühn, Marburg, brachte 1992 die in Dänemark und Holland vorhandenen Weiß-Blaucolumbia zur Anerkennung. Neue Farbenschläge sind Gelb-Blaucolumbia und Lachsfarbig.

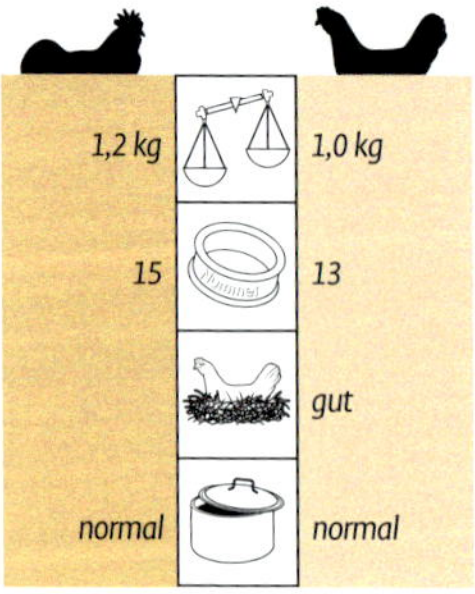

Form und Kopf: Voll und breit ist der Rumpf. Rückenpartie gleichmäßig breit. Die Oberlinie verläuft in kurzem Bogen und geht ansteigend in die hoch ragende Schwanzpartie über. Tief gehende Brust- und volle Bauchregion. Im Stand deutliche Schenkel. Rosenkamm mit feiner Perlung und gesenktem Dorn. Kleine, rote Ohrlappen, mittellange Kehllappen. Orangefarbige bis rote Augen.

Farbenschläge: 1.4, 2.1, 2.4, 3.3, 3.6, 4.1, 4.2, 4.5, 4.6, 5.1, 5.3, 5.5, 5.6, 5.7, 6.3, 6.4, 6.6, 7.3, 7.4, 7.5, 7.6, 7.7, 7.9, 7.11, 7.12, orangefarbig gebändert, 10.7, 11.4.

Besonderheiten: Eine der weit verbreitetsten Zwerghuhnrassen.

Weiß-rot gezeichnet

Weiß

Zwerg-Yokohama

Herkunft: Erste Präsentation 1922 in Essen aus der Zucht von H. Sack, Leipzig-Connewitz.

Rassegeschichte: Aus weißen deutschen Zwerghühnern und großen Yokohama hatte A. Beyrich 1922 im Erzgebirge mit der deutschen Herauszüchtung begonnen. Weiterentwicklung bei W. Urbanski über rot gesattelte Moderne Englische Zwergkämpfer, schwarze und weiße Deutsche Zwerghühner. Anerkennung in Deutschland 1968.

Form und Kopf: Schon die Körperhaltung mit dem schlanken Hals und der langen Rückenlinie bringt etwas Kämpferartiges zum Ausdruck. Vollends wird die „edle" Figur ergänzt durch die ungewöhnliche, verlängerte Federbildung am Sattel und im Schwanz des Hahnes. Hier wallen sehr lange und schmale Sichelfedern an den Seiten der langen und breiten Steuerfedern. Auch der Schwanz der Henne zeigt verlängerte Schwanzdeckfedern, die die Steuerfedern überragen. Die Spitzen sind säbelartig gebogen. Seitlich sitzen die über die Steuerfedern hinausragenden, gebogenen Deckfedern. Schlanke Schenkel, sehr feinknochige Läufe. Auf dem kleinen, flachen Kopf sitzt der kleine Wulstkamm. Kaum Kehllappen; kleine, rote Ohrlappen. Rotorangefarbene Augen.

Hahn		Henne
0,8 kg	Gewicht	0,7 kg
13	Ring	11
	Legeleistung	normal
normal	Fleisch	normal

Farbenschläge: 1.14, 5.5.

Besonderheiten: Die Rasse imponiert durch ihr elegantes Exterieur, die leuchtende blutrote Grundfarbe bei den Rot gesattelten und das üppige, feine Gefieder.

Literatur

Aalbers, C.: Hoenders een hobby bij huis. Zutphen 1981. Dwerghoenders als Liefheberij

Baldwin, J. P.: Modern Game Bantams. England 1936

Batty, J. u. Blezard, J. R.: Understanding Modern Game England. 1976

Batty, J. u. Francis, C.: Poultry Colour Guide. Bath 1979

Blancke, B. u. Mantel, K.: Geflügelzucht. Berlin 1952

Blatt, H.: Bau moderner Geflügelstätte. Reutlingen 1981

Boks, A.: De Niederlandse Hoenderrassen. Lieren 1979

Bund Deutscher Rassegeflügelzüchter: Deutscher Rassegeflügel-Standard, München 1974, 1984 und 1995

Bund Schweizerischer Rassegeflügelzüchter/ Schweizerischer Geflügelzuchtverband: Schweizerischer Geflügelstandard. Zofingen 1982

Detering, W.: Zwerg-Kämpfer – Mein Hobby. Reutlingen 1977

– Kämpfer und Zwerg-Kämpfer der Welt. Reutlingen 1983, 2004

Dürigen, B.: Geflügelzucht. Berlin 1886

– Katechismus der Geflügelzucht. Leipzig 1890

Finsterbusch, C. A.: Cock Fighting all over the World. USA 1929

Gink, C. S. Th.: De Honderrassen. Assen 1913

Hams, F.: Old Poultry Standards. London 1988

Hawkey, K. J. G.: Understanding Indian Game. England 1978

Hawksworth, D.: British Poultry Standards. London 1988

Heiler, F.: Die Amrocks. Reutlingen 1968

Hodges, R. D.: The histology of the fowl. London, New York, San Francisco 1974

Houwink, R.: De Hoenderrassen. Reutlingen 1993

Juhre/Hoffmann: Das Rassegeflügel. Berlin 1960

Koyama/Shichiro: Japanische Hühner nach dem Geschmack. Tokio 1978

Langhorst, H. und Jahn, P.: New Hampshire und Zwerg-New Hampshire. Reutlingen 1992

Lombary, W.: Japanse Hoenders en Dwerghoenders. Leke 1984

Lüttwitz, von M. u. a.: Araucana und Zwerg-Araucana, Deutsche Lachshühner und Zwerg-Lachshühner. Reutlingen 1990

Möller, H. u. a.: Rhodeländer und Zwerg-Rhodeländer. Reutlingen 1994

Noack, B.: Das Nackthalshuhn. Wittenberg 1958

Paret, L.: Unsere Zwerghuhnrassen. Reutlingen 1984

Perzlmayer, F. W.: Ur- und Kampfhühner und die Rassehuhnzucht. Massing 1966

Pfeffer, L.: Seltenfarbige Italiener. Idstein 1989

Sasaki, K. u. Yamaguchi, T.: Onaga-Dori (Long-Tailed Fowl) and their Inherited Studies in Japan – World's Poult. Sci. J. 26, 1970

Schacht, Juhre, F.: Das Geflügelbuch. Bochum 1957

Scheiding, C.: Die Zwerghühner. Bochum 1954

Schmidt, H.: Die Rassen der Zwerghühner. Minden 1980

– Die Hühnerrassen, B. 1 + 2. Minden 1981

– Handbuch der Nutz- und Rassehühner. Melsungen 1985

– Hühner und Zwerghühner. Stuttgart 1999

Scholtyssek, S. & Doll, P.: Nutz- und Ziergeflügel. Stuttgart 1978
Schwarz, A.: Sussex und Zwerg-Sussex. Mosbach 1977
Schwarz, W.: Die unübertroffene Eleganz des Deutschen Zwerghuhns. Reutlingen 1983
Silk, W. H.: Bantams and Miniatur Fowl. London 1975
Sketchley, W.: The Cocker. London 1814
Smith, H. E.: Bantams for Everyone. England 1974
Terrun, W.: De Izegemse Koekoek. Izegem 1984
Terrun, W. u. a.: Het Brakelhoen. Izegem 1982
Wandelt,R.: Handbuch der Hühnerrassen. Bottrop 1996
– Handbuch der Zwerghuhnrasssen. Bottrop 1998
Vogt, J.: Jahrbuch für die Geflügelwirtschaft. Stuttgart 1976
Weber, R. u. Fischer, K.: Niederländische Haubenhühner und deren Verwandte. Leingarten 1995

Adresse

Bund Deutscher Rassegeflügelzüchter e. V. (BDRG)
Bundesgeschäftsstelle
Erlenbruchstr. 20
63071 Offenbach/Main

Fachzeitschriften (offizielle Organe des BDRG)

Geflügelbörse
Verlag Jürgens GmbH,
Postfach 1538, 82102 Germering

Geflügelzeitung, HK Hobby- und Kleintierzüchter-Verlagsgesellschaft mbH & Co. KG,
Wilhelmsaue 37, 10713 Berlin
Redaktionsbüro Reutlingen:
Beutterstr. 10, 72764 Reutlingen